東京 社用の手みやげ

贈って喜ばれる
極上の和菓子

Japanese business gifts in Tokyo

宮澤やすみ
岡山寛司 写真

東洋経済新報社

はじめに

ビジネスツールとしての手みやげ

人と人が対面する瞬間、緊張が一気に高まる時。そこを救うのが手みやげです。「これ、よかったら、みなさんで」というひと言で、お互いの距離がぐっと縮まります。人の心の奥の、やわらかいところを突く。手みやげの効用は、そんなところにあるのかもしれません。「いいものをいただいたから、ちゃんと食べよう」と思ってくれたらしめたもの。そのお菓子をひと口味わうたびに、あなたの顔を思い出してくれるでしょう。

だからこそ、効果的な手みやげは、ビジネス成功への第一歩となるのです。「とりあえず何でもいいや」という気持ちで手みやげを買うときは、すでに自分の心の中で、その訪問自体を「どうでもいい」とか「どうせたいした結果にはならないだろう」と、あきらめてしまっているのかも知れません。せっかくのチャンスを自分から台無しにしているようで、もったいない気がします。

人と人がぶつかりあうビジネスの場で、創造的な仕事を進めるためには、手みやげも戦略的であっていいはず。その指針として、この本では、想定される状況や相手にあわせて、和菓子を選んでみました。

ただし、これはあくまで目安。「大事な依頼に使う和菓子は、親睦を深める時には使えないのか」なんて固く考えることはありません。実際の選択は、なかなかむずかしいものです。立場や状況に応じて、自分なりの考えで臨機応変に活用してください。

相手のことを考えて用意した手みやげは、必ず相手の心に響きます。

和菓子のおいしさ、美しさ

この本を読めば、和菓子が「使える」ということがわかるでしょう。仲間うちで食べる気軽なものから、うやうやしく差し出す贈答品まで、和菓子の活躍の場は広いです。

和菓子の「味」と「色気」の、なんと多彩なこと。シンプルな大福の愛嬌、どっしりした羊羹の風格、カラフルな饅頭の華やぎ。おもちの肌、あんこのツヤの、しっとりした美しさはまさに官能的です。そして味の深み。同じ「あんこ」でも、店によって風味がおどろくほどちがいます。店主の個性が如実にあらわれるのも和菓子のおもしろさです。

和菓子は日本文化の窓。和菓子を通して、広くて深い日本文化を垣間見ることができると思います。それは、渋い「わびさび」だけでは収まらない多様さを秘めています。

箱を開けたときのインパクト。やさしい食感。しみじみとおいしい味と香り。日本人を、ほっと和ませることにかけては、和菓子の右に出るものはありません。

日本人のＤＮＡをゆさぶる和菓子たちの魅力を感じてもらえたらうれしいです。

一店ずつ何度も足を運び、丁寧に話を聞いて、じっくりと作り上げた本です。その間、大好きな和菓子たちに囲まれての仕事はとても幸せなものでした。この企画を進めてくれた東洋経済新報社の中村実さん、美しい写真を撮ってくれた岡山寛司さん、制作にあたったすべての方、書ききれないほどの興味深い話を聞かせてくださった和菓子店のみなさん、そして、この本を買ってくださったあなたにも深く感謝いたします。

二〇〇七年晩秋

宮澤やすみ

東京 社用の手みやげ―目次

2章 受け取る相手別 気配り手みやげ

3章 私のお気に入り、私の手みやげ　93

4章
インストラクターが教える
手みやげのマナー　実践編　105

本書に掲載された店舗の情報（住所、営業時間等）、また商品の価格は、取材時（２００７年5月～10月）のものです。購入などの際は、店舗にご確認ください。

ブックデザイン：渡邊民人（TYPEFACE）
本文デザイン・DTP：中川由紀子（TYPEFACE）
地図作成：田島あかね
4章イラスト：まなかちひろ
撮影：尾形文繁（東洋経済新報社）96、97、
100、101、102〜104頁
梅谷秀司（東洋経済新報社）95、99頁

カバー表1写真：天三味の「谷中下町ゆべし」
カバー表4写真：玉英堂の「洲浜だんご」
カバー前ソデ写真：羽二重団子の「羽二重団子」
カバー後ソデ写真：うさぎやの「どらやき」

1章

目的、シチュエーション別 使える手みやげ

花園万頭

花園万頭

初めて客先へ出向くときの手みやげは頭を使う。相手の嗜好にもよるが、それなりのインパクトで「気を遣ってます」というところをアピールしたい。それも、あくまでさりげなく。ここでは、東京らしさを感じさせるもので、ほどよく名が通っており、かつ品のよいものを選んでみた。

花園万頭の3代目・石川弥一郎氏が金沢の店を新宿に移したのが昭和5年。それ以来、社名と同じ銘をもつ「花園万頭」は、店の看板商品として人気を博している。当時の相場の2倍の価格で売り、「日本一高い、日本一うまい」というキャッチフレーズも知られる。現在は「日本一高い」とは言えないが、薯蕷《じょうよ》饅頭としては高めの値段設定だ。そこがかえって贈答むけにちょうど良いかもしれない。

値段のぶん、味は確かだ。良質の北海道産小豆、饅頭に適した大和芋など材料の選別は当然のこと。現在も新宿の本店で、熟練の職人の手で一つひとつ作られる。「花園万頭」を担当できるのは経験を積んだ職人だけだ。

独特の細長い形は「女性でも食べやすいように」という配慮から。饅頭の表面はしっとりした白い肌をしていて、とてもなまめかしい色気を放つ。食べれば藤色をした上品なこしあんと、山芋の香り豊かな皮の絶妙な按配がすばらしい。

素材の風味を生かしながら、ひとつの饅頭としてまとめあげる技とセンスは敬服に値する。デパートなどで簡単に購入できるのも助かる。

手みやげでさりげなくアピール

花園万頭《はなぞのまんじゅう》 （地図は 128 頁）
新宿区新宿 5-16-15
☎ 0120-014-870
営業時間 9:00 ～ 19:00
（土曜日、日曜日、祝日は 9:00 ～ 18:00）
定休日　なし

花園万頭《はなぞのまんじゅう》

1個　315円

デパ地下販売

新宿伊勢丹、日本橋髙島屋ほか首都圏、京都、名古屋などのデパート

（一部取り扱いをしていない店もあり）

発送　不可

消費期限　3日

キーワード

- 風格
- 買いやすい
- 歴史と伝統

空也

空也もなか

銀座のシャネルの並びという立地。夏目漱石も愛したというエピソードなどから、今や「予約しないと買えない最中」として大人気の空也。ただ、過熱しているのは周りの方で、店はただ飄々《ひょうひょう》と菓子を作るだけ。これで大儲けしようとは夢にも考えない。そういう飾らないところが空也最大の魅力だ。

ただただ、良い材料を使って安価に提供するということを守っているだけのことで、気持ちいいまでに気負いがない。

真っ正直に作られた最中は、皮はあくまで香ばしく、あんは小豆の風味を失わず、クセのないまるみのある甘みが心地よい。箱を開けると空也独特のえもいわれぬ芳香がたちのぼる。香りは2、3日でおさまり、あとは最中らしい焼けたもち米の香りがして、いよいよ最中が食べごろになってくる。ここの最中種（皮）はがっしりした作りで、よく焼いてあり、かすかに苦みも感じる。だから最初は皮の主張が強い。それが日を追うごとにあんの水分となじんで、香りと味がほどよいバランスになる。

相手との間合いを計る

包装もいたってシンプル。贈答用の箱はあるものの、華美な要素は一切なく、中には裸の最中が詰め込まれているだけだ。手みやげに使うなら、ちょっと意地悪だがこれで相手の反応を見てみたい。受け取った相手が、見た目で判断する人か、中身の価値を理解する人なのか。そこに相手の「文化度」が見てとれ、つきあい方の間合いを計る判断材料になるかもしれない。

早めの予約が必須だ。

空也《くうや》（地図は121頁）
中央区銀座6-7-19
☎ 03-3571-3304
営業時間 10:00 ～ 17:00
（土曜日は16:00まで）
定休日　日曜日、祝日

空也もなか
化粧箱入り　10 個 1000 円から（要予約）
デパ地下販売　なし
発送　不可
賞味期限　1 週間

キーワード
•わざわざ感
•日持ちする
•風格

さゝま

松葉最中

江戸っ子の町・神田で、茶人に好まれる上生菓子を提供する店。以前の店には茶室もあった。現店舗も、古風なしつらえとのれんが美しい。「遊ぶのも勉強のうち」とご主人が言うように、さゝまの主人は代々風流を好む粋人である。当代は表千家の茶の湯、先代は邦楽の一種「うた沢」をやっていた。先代が和菓子屋を始めたのが昭和初期。三味線の胴の形を模した最中に、所属流派の松葉紋をあしらって「松葉最中」とした。小ぶりな形とあいまって、いかにも東京らしくこざっぱりとした粋な最中に仕上がっている。

都会の風を感じる最中

軽い歯ざわりの最中種（皮）に挟まれるのは、黒々とした色のこしあんだ。色合いのわりに、味わいは意外にもさらりとしていて、後に小豆の風味がさわやかに残る。舌触りは非常になめらかだ。甘みはしっかりありながら全体に食べ口がこざっぱりしている。そんなふうにあくまでライトに食べさせるところが、古きよき東京の小粋な最中スタイルといえようか。「もうひとつ」と手を伸ばしたくなるような力が、小さな最中に潜んでいる。

最中種との水分バランスを保つために、あんを寒天でまとめるという工夫もみられる。また、最中種がもろく輸送中に皮が壊れることがあるため、発送はしていない。

場所柄、出版社の進物によく使われ、著名な作家から「さゝまの菓子を」と指定されることもあるという。昭和の文人は、これを食べて都会に出たことを実感したのだろうか。

さゝま （地図は122頁）
千代田区神田神保町1-23
☎ 03-3294-0978
営業時間 9:30 ～ 18:00
定休日　日曜日、祝日

松葉最中

1個　120円
デパ地下販売　なし
発送　不可
賞味期限　5日

キーワード
- わざわざ感
- 気軽な場に
- 日持ちする

羽二重団子

羽二重団子

醤油をつけて焼く、あの香ばしい香り。これほど日本人の食欲中枢をゆさぶるものはない。包みを客先へもっていく間にも、箱を開けて食べてしまいたい衝動にかられてしまいそうだ。

一方、あん団子のほうは渋を切った上品なこしあんがつく。「小豆の風味を召し上がっていただく」ために、甘さを極力控えめにするのが、この店のやり方。「羽二重団子」はあん団子と、生醤油をつけた焼き団子の両者がないと成立しない。シンプルな醤油味と上品なあん。行儀が悪いと言われようが、これを交互に食べるのが最高の贅沢なのである。

甘党・辛党
どちらも満足

団子はうるち米を粉にして作る。江戸時代から団子を作っている羽二重団子では今も自家製粉だ。よくつくことでコシと弾力のある団子になる。「よそが300つくならうちは600つけ」というのが、180年続く老舗代々の教え。確かに、団子はやわらかいだけでなく、心地よい歯ごたえがある。あん用にはやわらかく、焼き団子は固めに作る。

団子や大福などは時間とともに固くなるのが宿命。羽二重団子も当然賞味期限は当日中だ。「料理と同じ」という澤野修一社長。時間の経ったパスタがおいしくないのと同じ理屈だ。

基本的に、団子は気軽に食べるもので、本書のカテゴリで言えば「親睦を深める」の項に入る。が、「羽二重団子」に限ってはよそゆきにも使える品格を感じる。そこでここでは、江戸の歴史と風流を感じさせる団子として初対面の項に入れた。

羽《は》二《ぶた》重《え》団《だん》子《ご》 （地図は129頁）
荒川区東日暮里 5-54-3
☎ 03-3891-2924
営業時間 9:00 ～ 17:00
定休日　火曜日

羽二重団子
1本　231円（箱代別）
デパ地下販売
　浅草松屋ほか各地デパート、JR上野、日暮里、
　西日暮里、秋葉原、神田、目白駅構内
発送　不可
賞味期限　当日中

キーワード
・買いやすい
・気軽な場に
・歴史と伝統

青柳正家

栗羊羹

　大事な依頼をするときは、こちらの真剣な姿勢を表す意味でも、格式を感じさせる重厚なイメージの手みやげを用いたい。

　青柳正家は昭和23年の創業と比較的新しい店だが、当初から格式と存在感のあるお菓子を一筋に作り続けている。

　栗羊羹は、初めから贈答用を意識してか、まず見た目が美しい。「栗が表に出ないように形をつくる」と言うとおり、薄紫の小豆あんが大粒の栗をきれいに包みこんでいる。しっとりと炊き上げた大粒の栗が、あんと見事に一体化しているので、黒文字（楊枝）で切るときに栗の固さを感じない。

　栗は、かつて銀と同じ価値で取引されたという、熊本産の「銀よせ」。それもひとつの価値だが、なにより筆者が特筆したいのは、栗と小豆の味わいを充分生かす、透明感のある甘みそのものだ。数々の砂糖を吟味し、ほどよくアクを抜いて「角のとれた甘み」にしているという。この羊羹は食べると強い甘みを感じるが、決してくどくない。まさに「甘みの神聖化」ともいうべき、神々しいまでの清らかな甘みに陶然となる。

　戦後、甘みに対して強烈な憧憬をもっていた日本人に応えるため、初代は苦心してこの甘みに到達した。良質の材料だけではこうはいかない。熟練した技により完成した栗羊羹を、今3代目が引き継いで発展させようとしている。

　静謐《せいひつ》な美観と、深い味わいをもってすれば、相手の心もほどけていくだろう。

純粋を極める甘みの美学

青柳正家《あおやぎせいけ》（地図は112頁）
墨田区向島 2-15-9
☎ 03-3622-0028
営業時間 9:00 ～ 19:00
定休日　日曜日、祝日

栗羊羹
1棹　3700円から
デパ地下販売
　錦糸町 LIVIN
発送　可（電話にて）
賞味期限　1カ月

キーワード
• 風格
• 日持ちする
• わざわざ感

塩瀬総本家
本饅頭

「甘みがしっかりあってこそ上生菓子なのです」と語るのは会長の川島英子さん。本饅頭は、皮があまりに薄いので「皮」というより「膜」と言ってもいいくらいだ。今も秘伝の製法で包まれる。中身は、小豆のこしあんに、蜜浸けされた大納言小豆が混ぜられている。

　冒頭の言葉のように、あんはしっかり甘い。ただしベタベタな甘みとは全く異なり、むしろさっぱりとしたさわやかな甘みで、しつこさは全く感じない。ひと口かじると、まず小豆の豊かな風味が口にひろがり、小豆本来のうまみとコクをしっかり感じさせてくれる。甘みだけでなく、小豆だけでもない。まさに小豆あんの理想形といえるのが、本饅頭のあんなのだ。

上生菓子の本領を味わう

　おいしい小豆をそのまま小豆らしく食べるのは、大福などいわゆる「朝生」で楽しむ世界。本饅頭のような上菓子の世界では、小豆を直接的に感じさせるのでなく、小豆の持ち味を「あん」に閉じ込めて表現する。そこが日本文化の奥ゆかしさといえようか。小豆が「あん」という別の存在へ抽象化されるのである。

　店は650年の歴史ある老舗中の老舗。その歴史は店のWEBサイトや会長の著書に詳しい。

　本饅頭には、徳川家康が長篠の戦の際、兜に盛って軍神に供え戦勝を祈願したというエピソードがある。足利、豊臣、徳川など、宮家や武家のそばには常に塩瀬のお菓子があった。現代社会を戦うビジネスマン同士が贈り合うのにふさわしいお菓子と言えるだろう。

塩瀬総本家（地図は 123 頁）
中央区明石町 7-14
☎ 03-3541-0776
営業時間 10:30 ~ 19:00
定休日　日曜日、祝日

本饅頭
1個　315円
デパ地下販売
　日本橋三越、浅草松屋、
　東横のれん街、恵比寿三越、など
発送　不可
（他の菓子は電話もしくはHPより受付）
賞味期限　2日

キーワード
- 風格
- 買いやすい
- 歴史と伝統

榮太樓總本鋪
楼

上菓子には、花の形や季節のモチーフなど、菓子の形に深い意味がある。「楼《たかどの》」の形は、五重塔など楼閣の柱を載せる礎石がモチーフだ。古代建築の跡が残る飛鳥や奈良など、古都のイメージを髣髴《ほうふつ》させるお菓子である。

ビジネスの場でこれを用いるなら、まさに礎《いしずえ》を差し上げることになる。「一緒に大きなものを築いていきましょう」というメッセージになるわけだ。新規プロジェクト立ち上げなど、大事な場面にぴったりではないか。

外側は、さらっとした口あたりの「黄味羽二重」あん。二度に分けて細かく漉《こ》しているため、口の中でさっと溶け、後に黄味あんのふくよかな風味が残る。繊細なやわらかさの黄味あんを、固すぎずやわらかすぎず、絶妙な按配でこの形にまとめあげているから、堅牢なふうに見えて口の中でほろりとほどける。中身にはこしあんで包まれた栗がひと粒。この栗はわざわざ渋皮付きの甘露煮を用いている。黄味あんのふんわりした味わいに渋皮付き栗の食感と風味が続き、快いアクセントとなる。

店は江戸後期の創業で、甘納豆の元祖である「甘名納糖」や金鍔《きんつば》など、江戸の庶民路線を貫いてきた。近年になってから庶民路線に加え、江戸の粋の世界に見られる感性をイメージさせる高級感のあるお菓子作りを始めた。その代表が「楼」だ。

1個で2、3人前を想定した大きさで、重さもあり重厚さを備えた和菓子。店頭販売は日本橋本店のみだが、電話やネットで注文できる。

プロジェクトをささえる「礎」

榮太樓總本鋪《えいたろうそうほんぽ》（地図は117頁）
中央区日本橋 1-2-5
☎ 03-3271-7785
営業時間 9:00 ～ 18:00
定休日　日曜日、祝日

楼《たかどの》
1 個入り紙箱　630 円、
2 個入り桐箱　1470 円
デパ地下販売　なし
発送　可（電話またはHPから）
賞味期限　4日

キーワード
• わざわざ感
• 日持ちする
• 風格

玉英堂
洲浜だんご

京都にはかなわない

この色取りが、華やかな京都の空気を感じさせる。東京人も、京都にはめっぽう弱い。

江戸にはまずないような色彩で、京都から取り寄せたような錯覚に陥る。ただし、この店が醸し出す「京の趣」は錯覚ではない。店は正真正銘の京都オリジナルなのだ。玉英堂は、天正年間に伝統京菓子の「洲浜《すはま》」を考案し、宮中に納めていた。店には「御洲濱司」の古い看板が残っている。

洲浜は、すはま粉（きな粉に似た、煎った大豆の粉）に糖蜜を混ぜて作る。よく練ることで、もちもちとした弾力が生まれる。きな粉の香ばしさとやさしい甘みは、ほかの和菓子にはない独特の魅力がある。

本来の姿は棹物で、断面が浜辺の波打ち際の形を模した「すはま型」になる。婚礼の料理などを置く台にこの形が使われ、おめでたい意匠とされた。戦後東京に進出したのを機に、これを江戸っ子になじみのある団子型に改めた。三色は花、枝、土をイメージしている。

一人で菓子作りにあたる店主の今江康人さんは東京生まれ。だが、代々受け継いだ「京都の手」だけを習得した。「京菓子も変わってきましたが、うちは東京に出てきたおかげで昔のままの京菓子を受け継いでいます」。いわば純粋培養された京菓子が今、東京で息づいているという事実が興味深い。古い型が残っているので、本来の「すはま型」をした洲浜を注文することも可能だ。

女性の社長さんなどに贈ると喜ばれそうだ。

玉英堂《ぎょくえいどう》（地図は121頁）
中央区日本橋人形町 2-3-2
☎ 03-3666-2625
営業時間 9:30 ～ 21:00
（日曜日、祝日は 17:00 まで）
定休日　毎月最終日曜日

キーワード
- 見た目のインパクト
- 歴史と伝統
- 日持ちする

洲浜だんご
12本　1200円から
デパ地下販売　なし　日本橋室町支店でも販売
発送　可（電話にて）
賞味期限　5日

わかば
たいやき

客先と親睦を深め、仲間意識を育てるにも手みやげは欠かせない。

　こういう場合は、あえて庶民的なお菓子を持ち込むのがいいだろう。あとでゆっくり食べてもらうのではなく、「今、この場で一緒に食べる」のがポイント。

　そこで使えるのがたい焼きだ。「冷めないうちに食べましょう」のひと言で、その場に並べて皆でかじる。頭からいくか、しっぽからいくか、そんな話題もよくあること。ビジネスに限らず、食を共にすることは、人間関係を深めるうえで欠かせない。

わかば（地図は131頁）
新宿区若葉1-10
☎ 03-3351-4396
営業時間 9:00 ～ 19:00
定休日　日曜日

アツアツを皆でほおばる

ここでは四谷わかばの「たいやき」を取り上げた。たい焼きは店によって非常に個性豊かで、それぞれに贔屓《ひいき》の客がついている。筆者が注目したのは、その味わいだ。あんがどことなく「大人っぽい」味なのである。小豆の渋みをあえて残し、少々の塩を効かせたあんは、ただ甘いだけでなく、かすかな苦みと渋みを感じ、非常に複雑な味わいになっている。

　皮自体も非常においしい。店によっては、たい焼きの隅々までびっちりとあんが詰められていることもある。そのサービス精神には感謝したい。しかし、客としてはカリカリの皮だけを楽しみたいこともある。わかばの場合は背びれのあたりの皮が厚くなっていて、皮好きも満足させてくれる。それでいてしっぽにまでしっかりあんが入っている。今でこそ「しっぽまであんこ」は当たり前だが、戦後すぐにわかばがやったのが発端なのだそうだ。

たいやき
1個　126円
デパ地下販売　新宿高島屋
（毎週火曜日、5個入り箱のみ）
発送　不可
賞味期限　当日中

キーワード
- わざわざ感
- 気軽な場に

瑞穂
豆大福

手みやげに豆大福を使う人は意外と多いようだ。ビジネスのみならず、人間同士の関係を深めたいとき、自分が好きなものや自分が食べたいものを贈るのもいいだろう。豆大福は粉がついている。一緒にテーブルを粉まみれにしながら、大口開けて一生懸命食べる。そんなアットホームな雰囲気が職場の空気を和やかにする。「朝生だからさっさと食べて」とご主人の大橋正文さん。「朝生」とは、豆大福、だんご、どら焼きなど、庶民的な和菓子のこと。そもそもは労働者が腹の足しにするためのもので、季節感や見た目を重視する「上生」とは正反対に位置する。とくに餅菓子は固くなるので早く食べるに限る。

瑞穂の豆大福はこしあんが特徴だ。あんがエンドウ豆の食感を邪魔しないので、豆、もち、あんのバランスが絶妙。三者がどれも突出せず、一体となっておいしさを高めあう。手間のかかるこしあん作りを通すのは、豆大福の理想を貫いているから。若い頃に食べたこしあんの豆大福に感動し、そのまま弟子入りして修業。ご主人は「こんな効率の悪い商売ないですよ」と笑うが、最初の感動を忘れない真摯な姿勢が豆大福を通して伝わってくるようだ。

豆大福を出す店は東京じゅうにあり、それぞれ味を競っている。職場の近くに評判の豆大福があるなら、それを「近所で評判なんですよ」と差し上げればいいだろう。ご当地グルメならぬ「町内グルメ」である。その町の味が楽しめるのが朝生の面白いところだ。

ご町内の味を分けあう

瑞穂《みずほ》（地図は131頁）
渋谷区神宮前6-8-7
☎ 03-3400-5483
営業時間 8:30 ～売切れまで
定休日　日曜日

豆大福
1 個　200 円
デパ地下販売
　新宿伊勢丹、渋谷東急本店
発送　不可
賞味期限　当日中

キーワード
・わざわざ感
・気軽な場に

いせや 草もち

草もちはもともと「上巳《じょうし》の節句」、つまりひな祭りのときに、厄除けを願って食べるものだった。今はすっかり庶民化し、気軽に食べたい朝生菓子のひとつになっている。通年食べたいと願う筆者のような草もち好きにはありがたいことである。こういうお菓子は、町の小さな店でびっくりするほどおいしいものに出合うことがある。いせやもそういった店のひとつだ。

豆大福や草もちは各店さまざまな味があり、食べ比べるとおもしろい。いせやの草もちは、緑色の濃さからもわかるように、ヨモギの風味が格別だ。まず、食べる前からヨモギの香りが鼻をくすぐる。口の中でも鮮烈なヨモギの風味が大波となって押し寄せてくる。これが心地よい。上新粉のもちは、最初ほどよい弾力があって、噛んでいるうちにさっと溶けていく、その口どけのよさが絶妙だ。

正直者の草もち

中のあんは、渋をよく切り、砂糖のアクを完全に取り去って丁寧に作られた黒いあん。野菜としての小豆そのままでなく、あんという存在に昇華されている様は、老舗の上菓子屋に匹敵する完成度をもつ。ヨモギの野性味を後押しする、主張のあるあんである。

「甘い物を食べるとね、脳に快感が走るんですよね」と、店主の山下佳和さんは恥ずかしそうに笑う。その顔はとても幸せそうだ。山下さんの温かい人柄が伝わってくるような、ほんわかした気分にさせてくれる草もちである。

草が入っているため、早めに食べることをおすすめする。

いせや （地図は 114 頁）
新宿区高田馬場 3-3-9 山下ビル 1F
☎ 03-3371-4922
営業時間 9:30 ～ 20:00
（草もちは 10:00 から）
定休日　火曜日

草もち
1個　140円
デパ地下販売　なし
発送　不可
賞味期限　当日中

キーワード
・和菓子通に
・気軽な場に

日本橋長門

久寿もち

やさしい気分になる和菓子

歴史ある店の菓子ではあるが、うやうやしく扱うよりも、普段使いで気楽に食べるのがいい。

包みを開けると、たっぷりのきなこで、もちが見えないほど。もちには三角の切れ目が入って12個に分けられる。きなこを飛ばしながら楽しくやりたい。

ところでこの「久寿もち」、商品名は「くずもち」だが、実際はわらびもちである。しかも国産の本わらび粉を100パーセント使った本物だ。関西ではポピュラーなわらびもちだが、戦後の東京では葛もちのほうが知られていたようだ。そのため江戸っ子に受け入れられやすい名前で売り出した。

わらびもちの中でも特にやわらかく、ふわふわな食感。それでいてほどよいコシがある。14代目店主の菱田敬樹さんはコシにこだわる。そのためには鍋で長時間練るのだそうで、毎日もちと格闘している。

わらびもちには黒みつをかけるタイプもあるが、「久寿もち」はもとから甘みがついている。それもほんのりと感じる程度。「甘みを増やすと日持ちはするが、それはしたくない」とご主人は言う。

やわらかな食感とほのかな甘み、それを香ばしいきなこが包みこんで、食べると誰でもやさしい気持ちになってしまう。疲れのたまった職場によさそうだ。

店は享保年間に徳川吉宗に仕えていたという由緒がある。そうはいっても、冒頭に書いたように、気楽にやるのがいい。

日本橋長門《ながと》（地図は127頁）
中央区日本橋 3-1-3
☎ 03-3271-8662
営業時間 10:00 ～ 18:00
定休日　日曜日、祝日

久寿《くず》もち
1包　850円
デパ地下販売　不定期
発送　不可
賞味期限　2日

キーワード
・気軽な場に
・女性に受ける
・歴史と伝統

萬年堂

御目出糖

江戸初期の元和3年には、天皇家の冠婚葬祭に菓子を納めていたというから、非常に古い歴史をもつ店である。当時は京都に店を構えていたが、明治5年に東京へ進出。現在で13代を数える。

「御目出糖」は、餅粉とこしあんを混ぜてそぼろ状にし、それを固めて蒸し上げたものだ。上に大納言小豆があしらわれている。こういう形態のお菓子はもともと「高麗餅」と呼ばれるもので、もっちりとした食感と見た目が赤飯に似ていることから、慶事の贈り物として用いられていた。明治のころから「御目出糖」というネーミングを使用。祝いの場では大変重宝するお菓子である。

歴史ある店の看板商品だけあって、伝統菓子がもつ魅力が凝縮しているといえるだろう。箱を開けると、まず餅米の香りが鼻をくすぐる。食感は弾力があってむっちりとした歯ごたえだ。ふんわりとやさしい甘みが広がって、和菓子らしい趣をしみじみと味わうと、後になって小豆の風味がさわやかに通り過ぎていく。この店のあんは「渋切らずあん」といって小豆の皮に含まれる「渋」を取らずにあんを仕上げる。「〝渋切らず〟にすると、甘みがしっかりつけられる」とご主人。甘みはしっかり感じるが決してくどくなっていない。表面にちりばめられた大納言小豆もいいアクセントだ。

奥ゆかしい古風な味わい。食べた瞬間のインパクトよりも、後に残る風雅な余韻がこのお菓子の最大の特徴だ。

甘みの余韻に浸る

萬年堂《まんねんどう》（地図は130頁）
中央区銀座8-11-9
☎ 03-3571-3777
営業時間 10:00～19:00
（土曜日は16:00まで）
定休日　日曜日、祝日

御目出糖《おめでとう》

2個　630円（通常箱）、
8個　2625円（化粧箱）から
デパ地下販売
　銀座松屋（水曜日、土曜日、3個入りのみ）、新宿伊勢丹（水曜日、土曜日、3個入りのみ）。
　浅草橋支店でも販売
発送　可（電話またはHPより）
賞味期限　4～5日

キーワード
- 風格
- 日持ちする
- 歴史と伝統

とらや
蓬が嶋

お祝いの場で注目を集める

大きな饅頭の中に饅頭が入るという、なんとも不思議な形。この形から、「子持饅頭」とも呼ばれ、子孫繁栄の願いを込めた贈答品として使われる。

　結婚、出産、長寿祝いはもちろん、子会社設立、支店の開店など、ビジネスシーンでも使える場面は多い。金額と見た目のインパクトからも、企業使いに大いに役立ちそうだ。

「蓬《よも》が嶋《しま》」の菓名は、中国で不老不死の仙人が住むとされる伝説の理想郷・「蓬莱山《ほうらいさん》」からきている。蓬莱山は書画、枯山水庭園などのモチーフとしてよく用いられる。その由来から不老長寿、子孫繁栄の意味合いを連想するのか、子持饅頭にこのような菓名がつけられた。江戸中期の公家・近衛内前《うちさき》による命名だ。

　当初は色付きでなく、饅頭の数が多かった。文政10年に光格上皇から水野忠邦へ送られたものは、饅頭が50個も入っていたという。

　山芋を使った薯蕷饅頭製で、いかにもとらやらしいしっかりとした作り。ほどよい歯ごたえがあり、噛むたびにうまみが出てくる。あんも上菓子らしい重厚な印象だが、なめらかな口あたりで甘みはすっきりしている。

　肝心なのは、断面をきれいに見せること。箱から出す前に、同封される説明書きを見て、切る方向を確かめる。そして、大きな包丁で一気に切ることがポイントだ。3号サイズまでは饅頭5個入りで、切ると3つの断面が見える。写真は5号サイズで饅頭7個入り。5日前までに注文し、最寄の店に取りに行けばよい。

とらや赤坂本店（地図は127頁）
港区赤坂 4-9-22
☎ 03-3408-4121
営業時間　8:30 ～ 20:00
（土曜日、日曜日、祝日は 18:00 まで）
電話注文は 9:00 ～ 18:00

蓬《よも》が嶋《しま》
1 号（11.4㎝× 11.4㎝× 8.7㎝）
4284 円から
デパ地下販売　なし
予約注文のみ（使用の 5 日前までに）
発送　不可
賞味期限　2日

キーワード
- 見た目のインパクト
- 歴史と伝統
- わざわざ感

麻布青野総本舗

五彩饅頭

食べるときは、端からかじりつくのでなく、真ん中から割ってほしい。

この美しい五色の層を作るには、大変な手間と技が必要だということは素人にも容易に想像できる。まず最初に、こしあん、黄身あんを緑色の饅頭皮でくるんで一度蒸す。それを紅色を付けた白あん、白い饅頭皮でくるんで再度蒸す。

5色の組み合わせは陰陽五行説にのっとったもので、神社仏閣や相撲の土俵に垂れる布などでよく目にする、日本古来の基本5色だ。さらに、陰陽道では奇数を「陽数」として重んじることからも、5という数はおめでたいときにちょうどよい。

輝く白に隠された色彩

この店の菓子は、どれも上品で清らかな風情を感じさせる。味のほうは、黄身あんのほっくりした甘みがポイントになり、白あんのなめらかさが加わる。この店の薯蕷饅頭は皮のむっちりもっちりとした食感がすばらしい。ほのかな山芋の香りを帯びた皮と、甘みの強いあんが理想的なバランスに仕上がっている。しっとりとした白い肌の皮をぜひ味わってほしい。

着物の襦袢（下着）の派手なデザインや、寺の秘仏などの例でわかるとおり、日本には「隠す」文化がある。この饅頭も、外見はただの白い饅頭（それだけでも充分美しいが）で、中身に色彩を隠している。隠されているからこそ、それがひとたび目の前に現れるときの驚きと感動はけた違いだ。神秘的な様相の饅頭は、ただ地味なだけじゃない日本文化のおもしろさを伝えてくれる。

麻布《あざぶ》青野《あおの》総本舗《そうほんぽ》（地図は113頁）
港区六本木 3-15-21
☎ 03-3404-0020
営業時間 9:00 ～ 20:00
（土曜日、祝日は 9:30 ～ 18:00）
定休日　日曜日

五彩《ごしき》 饅頭《まんじゅう》

1個　588円
デパ地下販売　なし
発送　可（電話またはHPより）
賞味期限　3日

キーワード
- 風格
- 見た目のインパクト
- 歴史と伝統

麻布昇月堂
一枚流しあんみつ羊かん

「あんみつを喫茶コーナーに出したかった」というのがそもそもの始まり。店をあずかる竹島紀子さんをはじめ、店の女性スタッフみんなで、ちょっと変わったあんみつを模索した。「箱に入れて流してみたら」というひと言で、このあんみつとも羊羹ともつかないきれいなお菓子ができあがった。

きらきらと輝く小豆羊羹に、求肥《ぎゅうひ》の紅白、栗の黄色がトッピングされ、にぎやかで見ているだけで楽しくなる。左の写真は切り分けたものだが、ピンクの箱一面に詰められた様子がまずきれいだ。何か良いことがあったときにみんなで楽しく食べたいお菓子である。

麻布昇月堂（地図は113頁）
港区西麻布 4-22-12
☎ 03-3407-0040
営業時間 10:00 ～ 19:00
（土曜日は 18:00 まで）
定休日　日曜日、祝日

「カワイイ」が詰まった一枚

羊羹部分は、丹波産の小豆を使用したつぶあんを寒天でまとめたもの。実際には羊羹のように練り上げたものではないので、大きな粒がきれいに残っていて、丹波小豆らしい優しくてふんわりした風味が生きている。栗の風味も自然だ。全体的にさっぱりとした甘さで、とにかくつるんとした食感が楽しい。

「つめたく冷やして出して」と竹島さん。盛りつけるときは、四角く切るだけでなく、丸やハート型に型抜きして出すのも楽しいと思う。楊枝だと食べづらいのでフォークを添えて出すのもいいだろう。

店は、ほのかに昭和の風情が残る西麻布の静かな商店街にあり、地下鉄の駅から歩くにはやや遠いが、ネットや電話での発送を便利に使いたい。

一枚流しあんみつ羊かん
1箱　1050円（3～4人前）から
デパ地下販売　なし
発送　可（電話またはHPから）
賞味期限　7日（要冷蔵）

キーワード
- 女性に受ける
- 気軽な場に
- 見た目のインパクト

新正堂
切腹最中

　物騒なネーミングと形で、「お詫びに使える手みやげ」として人気の最中。だが、当初は忠臣蔵にちなんでつくられたものだった。それは、この店の位置が、ちょうど浅野内匠頭が切腹した田村屋敷の敷地内にあることに由来する。

　マスコミではネーミングの巧みさばかりクローズアップされがちだが、味わいも非常によいので、じっくりと味わってほしいと思う。

「小豆のアクも味のうち」という、ご主人の渡辺仁久さん。現在の小豆は出荷時の選別が丁寧なため、粗悪な粒がなく、煮てもアクがそれほど出ないという。「昔は煮汁がアクでいっぱいになったが今では少しアクが浮く程度」なので、それを味に生かさない手はない、というのがご主人の考えだ。

　赤黒いあんをたっぷりはさむ最中種（皮）にも注目。サクサクした軽い歯ざわりが心地よく、あんの水分を吸わないフレッシュなうちに軽く食べることを想定して、特別に作られたものだそうだ。

　中に求肥があって食べ応えもしっかり。全体的に男性的な野性味を感じる。「腹切ったつもりで来ました！」とお詫びに向かう営業マンと、それを受け取る得意先の部長。このシチュエーションには男性的なテイストの手みやげが合いそうだ。

　ところで、この最中を差し出してお詫びする場面を想像すると、どこか昭和のサラリーマン喜劇映画が思い出される気がする。受け取る側もユーモアの精神が必要かもしれない。

お詫びの心にユーモアを添えて

新正堂《しんしょうどう》（地図は124頁）
港区新橋 4-27-2
☎ 03-3431-2512
営業時間 9:00 ～ 20:00
（土曜日は 17:00 まで）
定休日　日曜日、祝日

切腹最中
1個　178円
デパ地下販売　なし
発送　可（電話もしくはHPより）
賞味期限　7日

キーワード
- 配りやすい
- 日持ちする
- 見た目のインパクト

五十鈴

甘露甘納豆

失敗をしたときは、四の五の言わず、いさぎよく振る舞う。そんなときは、お菓子もシンプルでストレートなものがいい。あんも皮もない、小豆そのものを味わう甘納豆。「逃げも隠れもいたしません」といった、真っ正直な気持ちを表現するのにぴったりだと思う。しかもこの「甘露甘納豆」は表面がつやつやとしていて美しく、蜜をおびてしっとりとした表情が特徴だ。このしんなりした風貌が「申し訳ない」という気分を演出してくれるだろう。

　このようなしっとりタイプの甘納豆を作る場合、大納言の小豆を煮て甘みを加えるときに、いかに皮を破かずきれいに仕上げるかが命題となる。店主の相田茂さんによると、糖分を加えるために糖蜜に浸けるのだがいきなり濃い蜜につけては皮が収縮して破けてしまう。そのため薄い蜜から浸けて、徐々に糖分を加えていき、時間をかけてなじませ、美しくつやつやした粒に仕上げる。どれくらいの蜜に何時間といった数値は一切ない。「こればっかりはカンとしかいいようがありません」とご主人。

甘納豆のいさぎよさ

　ひと口ほおばれば、口の中で、小豆の風味が大波になっておしよせてくる。香り、うまみ、甘み、渋み、コク。小豆の魅力がすべてここに詰まっているといっていい。小豆に潜む能力、魅力、魔力がやがて全身に伝わり、小豆の虜となる。

　「小豆とはこんなにもおいしいものなのか」と改めて感じさせてくれるのが、この菓子の本領である。

五十鈴《いすず》（地図は114頁）
新宿区神楽坂5-34
☎ 03-3269-0081
営業時間　9:00～20:00
定休日　日曜日、祝日

甘露甘納豆

1箱　800円から

デパ地下販売　なし

発送　可（電話にて）

賞味期限　14日（要冷蔵）

キーワード

・和菓子通に

・日持ちする

大坂家
織部饅頭

お祝いのときのテーマカラーといえば紅白。一方、不祝儀では、白と青（実際は緑）が用いられる。そのため不祝儀饅頭は白と緑の組み合わせで作られる。

織部《おりべ》饅頭は、その色あいから不祝儀に用いる人も多いという。不祝儀とお詫びでは状況が異なるが、うなだれるような重い気持ちを表現するのにちょうどよいと思う。おめでたい時だけが菓子の出番ではない。楽しいときも悲しいときも、和菓子がその時の気分を演出してくれる。

織部饅頭のデザインは、緑色の釉薬《ゆうやく》が特徴の器・織部焼きをイメージして作られたものだ。

秋色庵《しゅうしきあん》 大坂家《おおさかや》 （地図は 117 頁）
港区三田 3-1-9
☎ 03-3451-7465
営業時間 9:00 ～ 18:30
（土曜日は 18:00 まで）
定休日　日曜日、祝日

気持ちを演出する和菓子

大坂家では、緑色を表面に塗るのでなく、皮の一部として作られている。その製法は秘伝である。ふんわりと山芋の香りがする皮に、たっぷりのこしあんが包まれている。小豆あんは、小豆の「渋」、つまりアクをどれだけ取り去るかで味と色合いがまったく異なる。「渋は1回切るだけ」というあんは、黒々とした色をしていて、こっくりとした味わいながら甘みのキレがよい。

ご主人の倉本勝敏さんは、良い材料を求めて各地を旅する人として知られるが、小豆は北海道・十勝。しかも山沿いの産地のものを求めている。そのほうが味が濃いのだそうだ。

店は元禄年間には江戸へ進出していたという歴史がある。そのころ店の娘は「秋色女《しゅうしきじょ》」の名で俳人として活躍し、「井戸端の桜あぶなし酒の酔」という句が知られている。今も上野清水観音堂の脇に「秋色桜」が残っている。

織部《おりべ》饅頭
1 個　270 円
デパ地下販売
　新宿髙島屋（金曜不定期）
発送　不可
（最中、羊羹は電話もしくは HP より受付）
賞味期限　2～3日

キーワード
- 配りやすい
- 風格
- 歴史と伝統

うさぎや
どらやき

お詫びのときは、なにかと気があせりがちだ。「とにかく3000円分買って来い」と言われ、あわてて店を訪れる人もいるだろう。しかし、贈り物には気持ちが如実に表れるもの。こういうときこそよく考えて品を選びたい。いい加減な気持ちは、客先にも伝わってしまう。

「送り先の人数や、すぐ食べるか翌日かなど、状況を相談してほしい」と、うさぎや店主の谷口拓也さんは言う。状況に応じてお菓子を詰め合わせるなど、的確な提案をしてくれるだろう。こちらの気持ちが伝われば、和菓子屋も一緒になって考えてくれるものだ。

手みやげのコンシェルジュ

上野にあるうさぎやは大正2年創業。昭和初期から「どらやき」を販売し、今も大人気だ。ここのどら焼きは「活きのよさ」が特徴。「あんこのトロ」ともいうべき、とろりとしたみずみずしいつぶあんを、ふかふかの皮で挟む。皮は1日に何度も焼くため、タイミングがよければほのかに温かい焼きたてを食べることもできる。唇にふんわりと皮が触れ、次の瞬間さっくりと噛み切れる。すると、深紫に輝くあんが出てきて小豆の風味が口一杯にひろがる。まさに感動の味わいである。できたての味わいを重視するため、賞味期限は翌日までとされるが、その場ですぐ食べるのが一番。発送もしない。

こうした鮮度重視のお菓子は、特別な心を伝える場合にちょうどよい。わざわざ店に出向き、できたてを買って客先へ急ぐ。ほんのりと温もりが残る菓子箱を受け取れば、冷たくなった心もやわらいでいくだろう。

うさぎや（地図は116頁）
台東区上野 1-10-10
☎ 03-3831-6195
営業時間 9:00 ～ 18:00
定休日　水曜日

どらやき
1個　180円
デパ地下販売　なし
発送　不可
賞味期限　2日

キーワード
- わざわざ感
- 気軽な場に
- 配りやすい

どうする？　和菓子の保存
——基本は「常温保存」

この本にあるお菓子は、どれも添加物の入らない、自然のままのお菓子ばかり。だから、できたてを新鮮なうちにおいしくいただくのが、基本中の基本。しかし、不在の場合や、量が多すぎて余ったときの対処はどうしても必要になってくる。

要冷蔵の表示がない限り、「冷蔵庫に入れる」というのはまちがい。乾燥して、固くなってしまう。とくに、ふわふわのおもちや饅頭は乾燥に弱い。

避けたいのは、乾燥のほか高温多湿、そして日光だ。ラップにくるんで、日の当たらない所に置けばよい。

大福や団子などは、時間が経てば固くなるのが自然なことだ。最中は日持ちするが梅雨時はカビに注意。ほかの日持ちするお菓子も、一度封を開けたら風味は日を追うごとに落ちていく。

いずれにせよ、天候や自然環境で状況は変わる。そのぶん、人間のほうが適切に判断して対応することが大切なのだ。

最終手段は冷凍も

大福などは、固くなる前にラップに包み、冷凍するという手もある。レンジで解凍すればOK。ただし、加熱しすぎると、もちがどろどろになり、溶岩のように熱くなったあんこでヤケドする場合もあるのでご注意を。

冷解凍すると、風味は格段に落ちてしまう。だから、解凍後の大福を食べて「この店のは、おいしくない」と思わないでほしい。これは、あくまでも最終手段。「捨ててしまうよりまし」というくらいの気持ちでやることを忘れずに。

2章

受け取る相手別

気配り手みやげ

スイーツ好きの女性に

花月 かりんとう

黒くてゴツゴツしたものとはまったく異なる、都会のかりんとう。カラッと揚げた生地に上白糖の透明な飴をまぶしたもので、表面はつややかに光る。小ぶりな姿がとてもかわいらしい。カリッとした歯ざわりの後、上品な甘さと揚げ菓子特有の香ばしさが広がって、ついつい手が止まらなくなってしまう。老いも若きも、こういう味には弱い。油っぽさを感じないのは、一定温度の油で3度に分けて揚げることにある。余分な油を吸わせずに軽く揚げるための工夫である。

かりんとうそのものの魅力に加えて、目をひくのがパッケージ。女性に喜んでもらえるよう「カワイイ感覚のものを」と店主の溝口智正さんが考案したのが、はんなりしたピンクの不織布で包む形だ。

都会の女性のかりんとう

鮮やかな朱色の缶入りもある。これは現在も手塗り仕上げだ。それは、縁の折り返し部分までちゃんと色が塗られていることでわかる。どちらも粋な花街の雰囲気を演出していて、それがかえってモダンに感じる。

湯島の路地にひっそりたたずむ店は昭和20年代に創業。ここは料亭、置屋、待合の三業地として栄えた町であり、そんな空気の中で生まれたかりんとうは、芸者衆や歌舞伎役者、それを取り巻く粋筋などに好まれた。鮮やかなパッケージと、かりんとうのかわいい姿からは、華やかな昭和の芸能界が偲《しの》ばれる。

密封されているので、東京を代表するお菓子として遠方への贈答にも使えそうだ。

花月（地図は118頁）
文京区湯島 3-39-6
☎ 03-3831-9762
営業時間 9:30 ～ 18:00
定休日　日曜日、祝日

かりんとう
缶入り（50g×4袋）
1950円　風呂敷包み
（200g×1袋）　680円
デパ地下販売　なし
発送　可
賞味期限　90日

キーワード
- 女性に受ける
- 日持ちする
- 見た目のインパクト

スイーツ好きの女性に

紀の善

抹茶ババロア

見た目かわいく、味わいは大人

多くの女性を捕えて離さない「ぷるぷる感」が魅力のババロア。見た目のかわいらしさから想像できないほど、味は大人びている。実際、このババロアは男性ファンも多いらしい。

ババロアはあざやかな緑色。そのぶん抹茶の苦みがよく効いている。そこへ七分立てのやわらかい生クリームをあわせると、苦みが甘みを引き立てて、絶妙なハーモニーをもたらす。添えられたつぶあんも非常に上品な仕上がり。三者がお互いをうまいぐあいに引き立てあっている。

平成になったばかりのころ、店舗リニューアルに際して登場したのが「抹茶ババロア」だ。もともと洋菓子も好きだったという店主の冨田恵子さんの考案。当時、外で食べた抹茶のお菓子が気に入らず、「これならうちでやったほうがいい」と思ったのがきっかけだ。試行錯誤の結果、抹茶の苦味を生かしつつ生クリームで優しさを加えるスタイルに決まった。

紀の善はもともとあんに定評のあるお店だ。つぶあんには丹波の大納言を使用している。皮が薄くてアクが少ないのだそうだ。丁寧に仕上げられたつぶあんは薄紫色に輝き、小豆のうまみだけが引き立てられている。こしあんは十勝の小豆を使用。御膳しるこや冷やししるこに用いられる。こちらも藤色のなまめかしい色あいがなんとも艶っぽい。

黒塀の料亭が残る花街・神楽坂で人気の絶えない店として、女性客がひっきりなしに訪れている。

紀《き》の善《ぜん》（地図は120頁）
新宿区神楽坂1-12
☎ 03-3269-2920
営業時間 11:00 ～ 21:00
（日曜日、祝日　12:00 ～ 18:00）
定休日　第3日曜日

抹茶ババロア

1個　630円

デパ地下販売　なし

発送　不可

賞味期限　当日中（冷蔵で翌日まで）

キーワード

- 女性に受ける
- わざわざ感
- 見た目のインパクト

スイーツ好きの女性に

うさぎや
茜もち

求肥のふわふわ感も、かぼちゃのほくほく感も、多くの女性に好まれるテイストであることは間違いない。その両者をもちあわせるのが「茜《あかね》もち」だ。

それもそのはず。店の女性スタッフが集まって意見を出しあい、女性が作った女性のための和菓子なのだ。買っていくのも圧倒的に女性が多いという。

ほんのり甘みのついた求肥をかじると、鮮やかな黄色のかぼちゃあんがお目見え。かぼちゃあんには生クリームと練乳が隠し味に加えられているので、ミルキーななめらかさの中に濃厚なかぼちゃの味がからみ合う。このような洋風のテイストに求肥がからむと、和洋のおいしさが渾然一体になっておもしろい。それに加えて、ゴマとクルミがいいアクセントになっている。ちなみに通常のもちではなく求肥にしたのは、ちょっとした高級感と日持ちを考慮してのことだそうだ。

外見は決して派手とはいえないが、中身のあざやかな色が見えたときのインパクトは独特。風味や食感も普通の和菓子とは一風変わったものので、中身を重視する大人の女性に薦めたい一品である。

阿佐ヶ谷のうさぎやは、店主の瀬山妙子さんをはじめとして、多くの女性スタッフがきびきびと働く店だ。そのためか、「茜もち」のほかにも、かわいい姿の「うさぎ饅頭」など女性ターゲットのお菓子が人気だ。

女性による女性のための和菓子

うさぎや（地図は115頁）
杉並区阿佐谷北 1-3-7
☎ 03-3338-9230
営業時間 9:00 ～ 19:00
定休日　土曜日、第 3 金曜日

茜《あかね》もち
1個　170円
デパ地下販売　なし
発送　不可
賞味期限　5日

キーワード
•女性に受ける
•日持ちする

一幸庵
わらびもち

ここのわらびもちは、国産の本わらび粉100パーセント。鹿児島産をベースに、国内でも最高級とされる飛騨高山産のわらび粉をブレンドし、理想の弾力とコシを作り出す。

わらびもちは、観光地の喫茶店などにもあるが、ほとんどはじゃがいもやタピオカのデンプンを使ったもので、本当のわらび粉を使ったものは、全国でも数少なくなっている。2つ並べて食べ比べてみると、かなり違うのがわかる。香り、食感、味、そのどれもが、本わらび粉にしかない特徴がある。せっかく都内で買えるのだから、一度は本物を体験してみるといい。大人として本物を知っておいて損はないと思う。

わらびもちの最大の魅力は、「ふるふる」の食感。一幸庵のわらびもちは、一粒ずつ丸く仕上げてあり、液体と固体の中間かと思うくらい、極限までやわらかい。まるで蓮の葉に光る水滴のようだ。これだけやわらかいのに、口に入れるとほどよい弾力があって、噛み切ろうとする瞬間、「ぷちっ」と切れる。これがコシというものか。デンプン粉のわらびもちにこの食感はない。

山菜を思わせる香りや風味もほんのりある。もちの中には、さらりとしたこしあんが入る。わらびもちのやわらかさにあわせて、あんも流れ出るようだ。舌触りも非常になめらか。サラリとした甘みで、十勝・音更《おとふけ》産小豆のおいしさがじーんと舌の上にころがる。最後は余分な甘みを残さず、さっと消えていく。このいさぎよい幕切れがいい。

大人は本物を知っている

一幸庵《いっこうあん》（地図は115頁）
文京区小石川5-3-15
☎ 03-5684-6591
営業時間　10:00～18:00
定休日　日曜日、祝日

わらびもち
1個　350円
デパ地下販売　なし
発送　不可
賞味期限　当日中

キーワード
- 和菓子通に
- 女性に受ける
- わざわざ感

大人数の職場に

清月堂本店

おとし文

贈り先が大人数となると、日持ちしない生菓子や、羊羹のように切り分ける手間があるものは避けたい。不在のデスクに置きっぱなしにされそのまま干からびるのも悲しい。こういうときは、「個包装されている」、「日持ちする」、「単価が安い」といった点を考慮して選びたい。「おとし文」は、1個ずつ包装され、5個ずつパックされているので日持ちもし配りやすい。デパートなどでもよく見かける。

黄身あんを小豆のこしあんでくるんで蒸しあげたもので、味のポイントになる卵には妥協しない。東北の契約農家から新鮮な卵を毎朝仕入れる。それをあんにして蒸すと蒸気熱でふわりとした仕上がりになる。これを和菓子用語で「浮く」という。季節や温度湿度に合わせて最適な「浮きかげん」を調整するところは人の手でないとできない。

お菓子に託すメッセージ

卵のほんわかした香り。味わいも卵黄の風味がよくきいていて、ぽっくりとした甘みを感じさせながらほろりとくずれていく。

「それが、菓銘の由来です」と社長の水原康晴さん。はかない口どけが、せつない恋心を連想させる。身分ちがいの人に恋をして、届くはずのない手紙を書いては、小さく丸めて川へ流す。それが「落とし文」。手紙に恋心を込めるように、ちいさなお菓子に気持ちを託しているというわけだ。

お菓子には、メッセージが詰まっている。どのような想いを込めて、相手にお渡しするか、それは自分次第だ。

清月堂本店《せいげつどうほんてん》 （地図は 124 頁）

中央区銀座 7-16-15
☎ 0120-010-801
営業時間 8:30 ~ 19:00
（土曜日は 9:00 ~ 18:00　電話注文は 9:00 ~ 18:00）
定休日　日曜日、祝日

おとし文
5個　578円から
デパ地下販売
　東京駅一番街、日本橋三越、銀座松屋、
　東横のれん街、池袋東武など
発送　可（電話もしくはHPより）
賞味期限　14日

キーワード
- 配りやすい
- 日持ちする
- 買いやすい

小ざさ 最中

吉祥寺は「羊羹の町」。早朝から小さな和菓子屋に行列ができる。みな小ざさの羊羹を求める人たちだというから、不思議な光景ではある。一方、時間のないサラリーマンは、いくらすばらしい羊羹だと言われてもそこまでする余裕はない。ただし、同じ店の最中ならインターネットを使って簡単に手に入る。先方に「あの羊羹の店のものです」と、訳知り顔で差し上げればこちらの株も上がるというもの。しかも、この時代に1個54円という、今どき信じられないほどの安さ（送料、箱代別）。コストをかけず、たくさん配りたいときにも助かる。

小《お》ざさ（地図は118頁）
武蔵野市吉祥寺本町 1-1-8
☎ 0422-47-6095
営業時間 10:00 ～ 19:30
（電話受付は 17:00 まで）
定休日　火曜日

人気店の菓子を格安で

最中のデザインは、中国のおめでたい植物「霊芝《れいし》」をモチーフにしたもので、慶事弔事どちらにも使える。小豆あんと白あん。小豆あんのほうは、小豆の皮がザクザクと入っていて、生々しい小豆の香りと風味をほおばる。白あんは白インゲン豆のあんで、なめらかで深い甘みをじんわりと味わう。どちらも甘さがさっぱりしているので、ついもう1個食べたくなってしまう。店によれば、「砂糖の甘味をならす」ことが大切とのこと。

最中をよく見ると、最中種（皮）にあんを一杯に詰めず、少し隙間が空いている。あんが皮に触れる面積が少ないため、皮がいつまでもパリパリとした食感を保っている。

小ざさは、羊羹と最中に専念し、ほかのものは一切作らない。一点集中、全力を注入して作るお菓子がどれだけの完成度になるのか、想像に難くない。

最中
1個　54円
デパ地下販売　なし
発送　可（電話もしくはHPより）
賞味期限　6日

キーワード
•配りやすい
•日持ちする
•気軽な場に

芝神明榮太樓

江の嶋最中

明治35年に作られた5種類の最中。それぞれ貝の形を模しているので、文人・尾崎紅葉が「江の嶋最中」と命名した。

5種類を紹介すると、つぶあん入りはアワビ、白あんはカキ、柚子あんがハマグリ、こしあんがホタテ、最後にごまあんが赤貝というラインナップになっている。最中種（皮）を焼く型は、草創時から百数十年、変わっていない。

サイズは小さいがそのぶん風味が強いのが特徴。最中種は硬くて、焦げたもち米の香ばしい香りを発している。この皮の香ばしさを閉じ込めるために、「江の嶋最中」は個包装されている。4代目主人の内田吉彦さんのアイデアだ。使う側にとってもこれが便利で、オフィスでたくさん配るときや、不在の人の机に置いておくのにも好都合。最中の大敵である乾燥を防げるし、封を開けたときに、焼けたもち米の香ばしい香りがいつでも楽しめるのがうれしい。

鮮烈な香りをキープ

中のあんも「強めの味に」しているという。小豆あんは風味の濃い北海道の小豆を使用し、甘みもしっかりあるが、すっきりした甘みでくどくない。

最近は、食べる直前にあんと皮を合わせる「別取り」タイプもあるが、本書にあるような伝統的スタイルの最中では、あんと皮の水分量のバランスをとるのが肝となる。そのためあんに水あめを加えて保湿したり、しっかりと硬い最中種を用いたりと、店によって工夫がなされる。この店のご主人も「あんと皮の理想的な一体感」をめざして日々最中を作っている。

芝神明榮太樓《しばしんめいえいたろう》 （地図は123頁）
港区芝大門1-4-14
☎ 03-3431-2211
営業時間 9:00 ~ 19:00
（土曜日は15:00まで）
定休日　日曜日、祝日

江の嶋最中
5個　483円から
デパ地下販売　なし
発送　可
（電話、FAXにて）
賞味期限　10日

キーワード
・配りやすい
・日持ちする
・風格

文銭最中

文銭堂本舗

古い貨幣を模した形の、小さな最中。ある意味、企業同士の贈り物に適していると言えそうだ。

白あんにきざみ栗をたっぷり入れた栗あんと、小豆あんの最中の2種類がある。小豆あんは淡い紫色を帯びていて、なめらかで非常にやさしい風味が特徴。

このあんは、「皮むき小豆あん」という。こしあん作りは小豆の皮を取り去るが、それをさらに削ってやさしい風味を出す。まるで吟醸酒を作るのに米を磨くような話だ。削ったからといって小豆の風味が消えているわけではない。

幻想的な色のあんに酔う

なめらかでふんわりとやさしい甘みの奥に純粋な小豆の存在感を感じる。

この店では、大福から上生菓子まで、この「皮むき小豆」を使用している。木曜と金曜だけ販売される豆大福も、皮むき小豆のおかげでさわやかともいえる風味となっている。逆に言えば、これさえ使えば「文銭堂本舗の味」になるのであり、このあんこそ店の命といえるだろう。

また、最中種（皮）にも注目したい。「よく焼いて強い味にしています」とご主人の田口雅章さんは言う。最中は、あんと皮の水分バランスがおいしさを左右する。文銭最中の場合は、できたてよりも一晩経って水分がなじんだころにこの皮の本領が発揮されるように考えて作られている。

ビルの上には研究所があり、日夜和菓子の研究が続く。

文銭堂本舗《ぶんせんどうほんぽ》（地図は129頁）
港区新橋3-6-14
☎ 03-3591-4441
営業時間 9:00 ～ 18:30
（土曜日は15:00まで）
定休日　日曜日、祝日

文銭最中
1 個　小豆あん 126 円、栗あん 158 円
デパ地下販売
　日本橋髙島屋、JR 東京駅構内キヨスクなど。
　三田支店でも販売
発送　可（電話にて）
賞味期限　7 日（夏季 5 日）

キーワード
・配りやすい
・日持ちする
・気軽な場に

食通の社長さんに

こしの 粒羊羹

「今のお菓子は甘さより風味がないと」と、創業者の郡《こおり》通夫さんはつぶやく。突然仕事を辞めて、羊羹研究に没頭。自分が思い描く理想の羊羹を求めて、試食と実験を繰り返した。いつの間にか、奥様も研究に参加していた。大量の小豆、砂糖、寒天の袋が並び、さまざまな道具に埋もれ、自宅は農業試験場と化した。気がつけば13年が過ぎていた。「やり遂げようという信念、それだけです」と奥様は振り返る。

夫婦2人で、全国のあらゆる羊羹を食べ、あらゆる材料、あらゆる道具を試して、数種類の羊羹ができあがった。このうち「粒羊羹」はとくに小豆の風味がストレートに味わえる。ひと切れ口に近づけるだけでもう小豆の香りがしてくる。口の中で噛むたびに小豆の香ばしさがひろがる。上質のぜんざいや甘納豆に匹敵する、生き生きとした「小豆感」である。

風味のある羊羹をめざして

練羊羹は、小豆と砂糖と寒天を練って固める。寒天を利用すれば保存がきくが、小豆の風味は奥に隠れてしまいがちだ。こしのでは小豆のもち味を最大限に生かすため、寒天と甘みを極力抑えた。とくに「粒羊羹」は、炊いたばかりの生々しい小豆の風味を想起させてくれる。「寒天は不純物」という考えのもとに生まれた、まさに「小豆至上主義」の現代型羊羹の誕生である。ベタベタな甘さだけの羊羹にうんざりしている向きには、この羊羹を薦めたい。

現在は、娘夫婦が後を継いで休む間もなく作り続けている。吉祥寺店は週3日営業だが、ひばりが丘本店は日曜日を除き営業している。

こしの（吉祥寺店）（地図は 122 頁）
武蔵野市吉祥寺本町 1-1-4
☎ 042-421-8080
営業時間 13:00 〜 18:00
定休日　木・金・土・日曜日
（本店は日曜日のみ休み）

粒羊羹
1棹　580円
デパ地下販売
　小田急エース南館（池田屋にて）、練馬、
　戸越銀座などの茶屋。ひばりが丘本店でも販売
発送　可（電話、FAXまたはHPより）
賞味期限　30日

キーワード
- 和菓子通に
- 日持ちする
- わざわざ感

天三味

谷中下町ゆべし

もともと「ゆべし」は平安時代ごろからある食べ物で、くり抜いた柚子の中に甘みをつけたもちを詰めた保存食。ご主人の天坂《てんさか》隆一さんはこれにヒントを得て、やさしい風味のまったく新しい「ゆべし」を創り上げた。第1作は柚子皮入りのもちに柚子あんの組み合わせ。その後、「季節を感じさせるものを」と合計8種類のラインナップができた。ざっと紹介すると、桜の葉入りもちに梅あん、栗もちに栗あん、胡麻もちにこしあん、よもぎもちにつぶあん、白もちに芋あん、きびもちにつぶあん、しょうゆもちにみそあん、というもの。

天三味《てんさんみ》（地図は126頁）
台東区谷中1-2-14
☎ 03-3824-2011
営業時間 9:30 ~ 19:00
（日曜日、祝日は18:00まで）

ビジネスバッグに入る日本の美

桜もちに梅あんは、桜葉の塩漬けの香りと、ほのかにすっぱい梅のあんの組み合わせが華やかで、都の春といった風情。一方、しょうゆもちにみそあんは、素朴で郷愁をそそる。それぞれのもちとあんの組み合わせは、味わいも色あいも見事に計算されていて、平安の都で培われた「襲《かさね》の色目」にも似た、日本人の美意識がここに凝縮されているようだ。

会社勤めを経験したご主人は、手みやげの使用を考慮して工夫をした。まず餅菓子なのに日持ちするという点。包装の工夫で冷蔵保存を可能にしている。さらに、ビジネスバッグにスマートに入るよう、「縦にしてもくずれない箱詰め」を実現。平らに持つ必要がないのは、ビジネスマンにはありがたい。

選び方によって渋くも華やかにもできるし、味の好みにも応えられる。もちろん全種類箱に詰めれば彩り華やかなことこの上ない。

谷中下町ゆべし
1個　126円
デパ地下販売　なし
発送　可（電話にて）
賞味期限　常温２～３日、冷蔵７日

キーワード
- 和菓子通に
- 見た目のインパクト
- 日持ちする

京あづま 竹林栗蒸し羊かん

先代は、京都の老舗・川端道喜《かわばたどうき》での修業経験もあり、「京風菓子司」の看板を掲げていた。当代になってからはより江戸庶民に近い団子、大福といった品揃えを充実させてきた。ただ、江戸の代表菓子である豆大福でも、ここのご主人が作るとはんなりとやさしい風味に仕上がって、どことなく雅な風情をただよわせている。

先代が考案した「竹林栗蒸し羊かん」は、本物の竹皮に包まれて、なんとも鄙《ひな》びた風情が日本人の心をくすぐる。かぐわしい竹の香りがまず鼻に抜ける。羊羹部分は、むっちりとした口あたりで、つなぎの小麦粉は感じさせず、小豆のうまみと、ふんわりやさしい甘みだけがストレートに口に広がる。大納言の粒がさらに小豆の香ばしさをおいしさを加速させる。そこへ、それらが栗のほこほこした風味と絡まり合う。まさに幸福の絶頂体験。小豆の風味、栗の甘みとほっこり感、竹の香りがどれも出すぎず、それでいてそれぞれの個性がしっかり感じられる。この絶妙なバランスが命だ。

町場の和菓子の底力

「竹の皮に包んでから蒸す。こうしないと香りが出ないのです」とご主人の菊地明男さん。先代が考案した竹皮包みの製法は、以前に金沢の老舗和菓子屋も参考にしたほど。数ある栗蒸し羊羹のなかでも突出した一品といえるだろう。

奥様と二人だけで営む、町の小さなお店。そこで、こんなにも完成度の高いお菓子が、ひっそりと作られている。その事実を考えると、日本文化の底力というものを感じずにはいられない。

京《きょう》あづま（地図は 120 頁）
港区麻布十番 2-9-5
☎ 03-3451-8922
営業時間 10:00 ～ 19:00
定休日　火曜日

竹林栗《ちくりんくり》蒸《む》し羊《よう》かん

こし、小倉とも１本　1155円
デパ地下販売　なし
発送　不可
賞味期限　１週間

キーワード
- 和菓子通に
- 日持ちする
- わざわざ感

菊家
利休ふやき

舌の肥えたお偉方が一堂に会するときは、茶菓子にも迷う。味の好みがそれぞれちがうからだ。そんなとき「利休ふやき」のようなシンプルな味なら、受け入れられやすい。しかも「利休」の名が冠されている以上、下手に文句を言えないのではないだろうか。

千利休は、侘び茶の祖・武野紹鷗《じょうおう》の流れを汲み、豊臣秀吉に取り立てられて茶の湯の基礎を固めた。利休の茶会記録にしばしば登場する菓子が「ふのやき」だ。詳細は謎のままだが、小麦粉を薄く焼いたものではないかと言われている。この「ふのやき」からヒントを得て作ったのが「利休ふやき」だ。

上品な焼き麩に砂糖をかけたもので、カリッとした軽い歯ざわりのあと、麩の香りとうまみ、甘みがやってくる。上品な甘みは、白砂糖と黒糖のブレンドによる。黒糖は喜界島産のものを使用。喜界島はサンゴ礁が隆起した陸地なので土壌が他の島とちがう。そのため黒糖も風味がちがうのだという。

麩菓子というと子どもの頃の駄菓子を思い出すが、それが徹底的に洗練されると「利休ふやき」のように風格さえ感じる菓子に成長してしまう。茶席で「おうす」とともにいただきたい、とても上品な干菓子である。

渋いデザインの缶もいい。缶の中には季節の干菓子も入っており、なんとも趣深い。派手さはないが、おいしいものを食べ尽くし、茶道に通じた粋人には、こういうシンプルなものがかえって好まれるのではないだろうか。

うるさ方を黙らせる

菊家《きくや》（地図は119頁）
港区南青山5-13-2
☎ 03-3400-3856
営業時間 9:30 ～ 17:00
（土曜日は15:00まで）
定休日　日曜日、祝日

利休ふやき

15 枚入り　2250 円（缶入り）から

デパ地下販売

　新宿髙島屋（金曜日のみ）

発送　可（電話にて）

賞味期限　14 日

キーワード

- 和菓子通に
- 日持ちする
- 配りやすい

草月
黒松

「良いものはすべてにおいてバランスが良い」というのが、草月のめざすところ。その哲学は「黒松」を食べるとわかる。

黒糖、小豆あんという、比較的重い風味のものが合わさっていながら、「黒松」の全体としての印象はいたってライト。黒糖の風味が効いた皮は、ふんわりと焼き上がった軽い食感。かといってパサつくことはない。はちみつのおかげで上品なしっとり感ももちあわせている。はちみつと黒糖の豊かな風味がリッチな気分にさせてくれる。

和菓子作りは「いい加減」

小豆あんのほうは、あっさりしていてそれほど甘くなく、量も控えめだ。あくまでも主役は皮で、主役を引き立てるアクセントとして機能しているようだ。そのことからも、コーヒーや紅茶などと合わせやすいと思う。

冒頭の言葉のように、重厚感と軽快さ、水分量の按配、皮とあんの分量など、すべてにおいて絶妙なバランスがとれている。「また食べたい、と思わせるようなバランス」をめざしているそうだ。配合の分量は「何グラム」といった数値はないという。その都度按配をみながら加減する。

「和菓子作りはいい加減にしろ、と言われます」と草月の若旦那・市村孝介さんは言う。もちろん「いい加減」の意味は、なおざりにするのではなくて、適切な判断をするという意味である。

小ぶりなサイズで１個１０５円という値段も魅力的だ。

草月《そうげつ》（地図は125頁）
北区東十条 2-15-16
☎ 03-3914-7530
営業時間 9:00 ～ 19:00
定休日　火曜日

黒松

1個　105円

デパ地下販売　なし

発送　可（電話の後FAXにて）

賞味期限　夏季3～4日、冬季4～5日

キーワード

- 気軽な場に
- 配りやすい
- わざわざ感

コーヒー・紅茶好きの社長さんに

ちもと

八雲もち

触れればくずれそうなほどの、危ういやわらかさ。しかしくずれることはなくぎりぎりのところでまとまっている。表面はさらりとして、赤ちゃんのおしりのような触り心地は官能的でさえある。ここまでやわらかいのに、コシがあって食べ応えがあるのが不思議だ。竹皮のさわやかな香りに包まれたもちを食べると、やさしい甘さの中に、黒糖の風味がやってきて、もちが消えたあとは口中に黒糖風味のそよ風が吹く。

このふわふわ感は、卵白を泡立てたメレンゲに寒天をまぜたもので、マシュマロのようなふわりとした口どけのもととなる。そこにもち米の羽二重粉、上白糖と黒糖を練ってあわせる。本店の「ちもともち」は白砂糖とくるみの組み合わせだったのが、黒糖が加わり、のれん分けしたこの店でカシューナッツが入り「八雲もち」となった。

アクセントは砕いたカシューナッツで、小気味よい食感と香ばしい風味が効いている。やわらかさと歯ざわり、黒糖なのに繊細、都会的でありながら郷愁も感じるという、相反するような要素がきれいにひとつにまとまっている。

上生菓子の世界では黒糖を敬遠する風潮があったそうだ。そんな中でちもとは、黒糖をうまく使って品のよい菓子を作ってきた。「親父は不器用でした」とご主人の石原謙さんは言う。いたずらに菓子の種類を増やさず、よいものを地道に作り続けた結果、今の人気につながった。

竹皮製の箱もあり、インパクト充分だ。

官能的な肌ざわり

ちもと（地図は 125 頁）
目黒区八雲 1-4-6
☎ 03-3718-4643
営業時間 10:00 ～ 19:00
定休日　木曜日

八雲もち
1個　158円
デパ地下販売　東急本店
（水曜日、土曜日、日曜日のみ）
発送　可（電話にて）
賞味期限　5日

キーワード
- 配りやすい
- 女性に受ける
- 日持ちする

亀十
どら焼

マジメな顔で「フランスの伝統パンケーキです」などと言われたら、簡単に納得してしまうのではないか、そんな気にさせるほど、このどら焼きは西洋風の作りになっている。これができたのは戦前のこと。大正〜昭和モダンの時代に、先端都市・浅草で生まれたハイカラなお菓子だったのである。ただし中身はジャムなどでなく、白あんと小豆あんであるところはゆずらない。まさに「和魂洋才」。下町の鯔背《いなせ》（＝威勢よさ）を感じるどら焼きなのだ。

　白あんと小豆あんの2種類あり、どちらもおいしいが、コーヒーと合わせるなら白あんがおすすめ。筆者もこの白あんどら焼きで、白あん嫌いがなくなった。一般的に、手亡豆《てぼう》を使った白あんは臭みが少ない。さらに「一般的な白あん作りでは、白色を保つため火の入れ方が甘くなりがち」と専務の島田清さんは言う。この店では味をなにより優先させるため、色が少々飴色がかってもしっかり火を入れ理想の味に仕上げる。だから白あんにありがちな臭みがなく、さっぱりと食べられるのだ。

「見た目より味」の考えは皮にも言える。亀十の「どら焼」は表面のまだら模様が特徴だが、理想の食感と味を追求したら、たまたまこうなっただけだという。ふわふわの皮はシフォンケーキのように繊細。それにコゲ感が加わりパンチのある味わいだ。

　特別な材料は一切ない。こねる、焼くという、基本の「技」がこの皮を作り上げているというから恐れ入る。

下町のハイカラどら焼き

亀十《かめじゅう》（地図は119頁）
台東区雷門2-18-11
☎ 03-3841-2210
営業時間 10:00 〜 20:30
定休日　第1・3月曜日

どら焼
1個　275円
デパ地下販売　なし
発送　可
(電話ののち現金書留で)
賞味期限　3日

キーワード
- 気軽な場に
- 配りやすい
- わざわざ感

コーヒー・紅茶好きの社長さんに

梅花亭

浮き雲

メレンゲのやさしい甘み

「こういう時代だから、安心できる材料を」と言うのは、女将の井上久江さん。小豆は北海道と丹波産を使用。小麦も国産の遺伝子組み換えでないものを選ぶ。色素はベニバナなど天然色素しか使わない。砂糖ももちろん国産だ。

　そうした配慮のおかげか、菓子は見た目も味も素朴。醸し出す雰囲気がどこかおっとりしていて、心からくつろぎを感じる。親戚のおばさんが作ったお菓子のような、手作り感のあるお菓子ばかりで楽しくなるのだ。

　とはいえ店の歴史は古い。柳橋にあった本家・梅花亭で修業した初代が昭和10年に亀戸で創業、戦後に池袋に移転し、現在は山の手の花街・神楽坂に店を構える。

「浮き雲」は、卵白をメレンゲにして小麦粉とあわせて焼いたものにこしあんを合わせる。だからどちらかというと洋菓子のテイストが味わえるのだが、中のこしあんが和菓子屋のお菓子であることを主張する。店主の息子さんである豪さんが学生の頃に考案したお菓子で、今や店を代表する商品に成長している。

　さっくりとした歯ざわりとやさしい甘み。そこへこしあんのコクが加わる。あんの分量が控えめなので、小豆の味が出すぎず、全体としてとても上品にまとまっている。コーヒーや紅茶と合わせて違和感がない、というより、わざわざコーヒー、紅茶と合わせたくなる和菓子である。筆者としては、隠れた人気商品の「あんずジャム」をつけて食べてみたいと思うが、いかがだろうか。

梅花亭《ばいかてい》（神楽坂店） （地図は128頁）

新宿区神楽坂6-15
☎ 03-5228-0727
営業時間 10:00 ～ 19:30
定休日　水曜日

浮き雲
1個　189円
デパ地下販売　なし
　矢来口店、有楽町店でも販売
発送　可（電話にて）
賞味期限　5日

キーワード
・配りやすい
・日持ちする
・気軽な場に

健康志向のお得意先に

赤坂相模屋
豆かん

カロリーゼロ、良質の食物繊維、という情報で注目され、新しいスイーツや食品にも積極的に利用されている寒天。なかでも「豆かん」は寒天の真価が問われる。赤坂相模屋では、伊豆七島のテングサを煮出すところから自家製だ。歯ごたえとやわらかさのバランスを毎日最良の状態にキープするのは至難の技。口にすると、ぷちんと噛みきれてほどよくコシがある。

　市販の寒天は凍結乾燥した「棒寒天」が主流だが、ここのはできたそのままの生寒天。だから海草の風味がしっかりと味わえて、味気ないと思われがちな寒天にここまで風味があるのか

赤坂相模屋（地図は112頁）
港区赤坂 3-14-8
☎ 03-3583-6298
営業時間 10:00 ～ 19:00
（土曜日は 18:00 まで）
定休日　日曜日、祝日

本当の寒天の味を知る

と、あらためて感じ入る。

　黒みつもいい。保存料など一切入っていないので、黒みつ独特のクセや臭みがなく、黒糖の香りとやさしい甘さだけを感じる。ほっくり炊いたエンドウ豆はほんのり塩気が効いて、野菜を食べているという実感がある。

「豆かん」は3人前の箱入り（「あんみつ」のみ1人前パックあり）。寒天はカタマリのままだ。そのほうが空気に触れる面積が最小限になり保存性が高まるそうだ。これがかえって好都合。カタマリをそのまま器に入れ、スプーンで無造作にくずすと、黒みつのからみがよくておいしく感じる。気の置けない仲間同士なら、ぜひこのやり方をおすすめしたい。余った寒天は水を張った容器に浮かべておくと数日はもつ。

　店に一歩入れば、清冽《せいれつ》な空気と磯の香りでいっぱいだ。赤坂の喧騒に小さなオアシスを見つけたようで、救われたような気分になる。

豆かん
1箱（3人前） 1050円
デパ地下販売 なし
発送 可（電話またはHPより）
賞味期限 3日

キーワード
• 気軽な場に
• 和菓子通に

健康志向のお得意先に

梅鉢屋

野菜菓子

ダイコンだって菓子になる

硬そうに見えるが、食べると想像以上にみずみずしいのに驚く。ダイコンなどは断面がゼリーのように透明に輝き、水分が滴《したた》り落ちそうだ。レンコン、ゴボウ、夏みかん、ショウガなどの定番が13種類ほど。夏はミョウガ、ゴーヤ、イチジク、秋は栗、冬は金柑など季節の素材もおいしい。どれも素材の個性がそのまま味わえる。甘さもさっぱりしたものだ。

野菜によって水分量や硬さが異なるため、糖蜜に浸けて煮上げる工程が異なる。ショウガならおよそ3日で仕上がるが、ダイコンでは1週間かかる。いずれにせよ毎日面倒をみて時間と手間をかけて仕上げなければならない。

驚くのは、そういう工程をたった1人でやっているという事実だ。担当は店主の丸山壮伊知さん。作業場に十数個の大鍋があり、同時進行でそれぞれの野菜を煮上げる。しかも「野菜を切るのは包丁1本」と涼しい顔で言う。

江戸時代の文献にも登場する野菜の砂糖漬。かなり古くから存在していたものと思われる。このような菓子はヨーロッパにもあるが、砂糖の濃度がちがう。日本、とくに関東のものはみずみずしさが保たれているのが特徴。「野菜らしさが残っていて、さらっとしている」とご主人。梅鉢屋は江戸の砂糖漬を受け継ぐ店だ。他にも酸味や塩味をうまく使った個性的な菓子が並ぶ。

オレンジチョコにブランデーをあわせるように、お酒とも相性がよさそうだ。筆者なら熟成した黒糖焼酎をあわせてみたいと思う。

梅鉢屋（地図は116頁）
墨田区八広 2-37-8
☎ 03-3617-2373
営業時間 9:00 ～ 18:00
定休日　日曜日、祝日

野菜菓子
七種《ななくさ》　735円、すみだ川（8種入り）1050円など
デパ地下販売
　江戸東京博物館、錦糸町 LIVIN
発送　可（電話もしくはHPより）
賞味期限　14日

キーワード
- 日持ちする
- 和菓子通に
- 歴史と伝統

健康志向のお得意先に

東肥軒

粟大福

雑穀は、長い間日本人の主食として用いられ、今はその健康効果が再注目されている。和菓子でも粟やきびを使ったものは多く、独特の食感と香りが楽しめる。

ここで知っておきたいのは材料のこと。東肥軒店主の岡安一《はじめ》さんによると、「粟」のつく和菓子はよく見かけるが、実際はきびを使用していることが多いという。本物の粟は流通が少ないため和菓子業界ではきびが代用されるそうだ。粒の形はほぼ同じで、きびのほうが色あざやかだ。粟ぜんざいなども、鮮やかな黄色ならきびの可能性が高い。いずれにせよ和菓子の世界では、近い種類の雑穀として両者同等に扱われているのが現状だ。どちらももちもちした食感があり、健康効果が期待できる。

粟、きびの和菓子は、なんといっても「軽さ」が魅力だ。通常の大福にくらべてさらっとした食べ口で、お腹にたまらない。東肥軒では、もちを作るときに空気を抱き込ませ、ふんわりとしたもちに仕上げている。その上、きびの香ばしさがよく出ていてさらに食べやすい。

この店の特徴は小豆あんにもよく表れている。ほとんど甘みがなく、ゆでた小豆そのものといった感がある。アルカリイオン水を使って煮上げるのも独特。「香りを残しながら、あっさりした感じに軽く食べられるように」とご主人は言う。豪徳寺の商店街でひっそりと営む店には、個性的な和菓子が数多く並んでいる。

粟大福は通常の大福よりも足が早いので早めに食べるようにしたい。

雑穀のライトな風味

東肥軒《とうひけん》（地図は 126 頁）
世田谷区豪徳寺 1-38-7
☎ 03-3420-1925
営業時間 10:00 ～ 20:00
定休日　日曜日（月曜日に不定休あり）

粟《あわ》大福
1個　130円
デパ地下販売　なし
発送　不可
賞味期限　当日中

キーワード
- 配りやすい
- 気軽な場に

健康志向のお得意先に

松島屋
芋羊羹

筆者がこの芋羊羹を初めて食べたときのことは、今も忘れない。この店の菓子は、素材の風味を「これでもか」と感じさせてくれる。その中でも、芋羊羹は衝撃だった。

ご主人の文屋《ぶんや》弘さんは「シンプルがいちばん」を貫く人。材料は、サツマイモ、砂糖、塩だけ。芋をふかしてつぶして練って、デンプン質と砂糖のつながりを利用して、自然に固まる力だけで仕上げる。ひと口食べれば、とにもかくにもサツマイモ。ふかした芋より、ねっとりしっとりして、ほっこりふっかりした風味。砂糖はあくまで脇役に徹し、さっぱりした甘さ。

松島屋（地図は130頁）
港区高輪1-5-25
☎ 03-3441-0539
営業時間 9:30 ～ 18:00
定休日　日曜日、第2・4月曜日（不定期）

正統派
日本人のおやつ

要するに、「サツマイモよりサツマイモらしい」、サツマイモの魅力が120パーセント凝縮した芋羊羹である。

加えて特筆すべきは皮が入っていること。「皮が入ることで胸焼けしない」とご主人。たしかに皮がアクセントになっておいしさがさらに倍増する。

よい材料でシンプルに作れば「口の中で勝手に広がりをみせてくれる」。豆大福や団子が有名なこの店で、冷蔵庫に保管されるため店頭では見かけないが、隠れメニューとして芋羊羹を待ちわびるファンも多いという。ほとんど作業場だけの小さな店だが、「身近な距離の店でいたい」というご主人の温かい人柄がどのお菓子にも込められていて、ファンを引きつけてやまない。「日本人のおやつ」の正しい姿を今に伝える貴重な店である。

毎年12月から4月までの販売だ。

芋羊羹
12月～4月のみの販売
1棹　900円（半分も可）
デパ地下販売　なし
発送　可（電話にて）
賞味期限　2～3日（要冷蔵）

キーワード
• 和菓子通に
• 気軽な場に

コラム

和菓子屋さんの「名言集」
——職人の顔、経営者の顔

和菓子店主は個性派ぞろい。取材で印象に残った言葉をご紹介。

「お菓子は食事と違って、食べなくても命に支障はない。それでも食べたくなるようなものを作るのがうちの目標です」

文銭堂本舗　田口雅章さん

「料理と同じです。できたてを食べていただくのが一番」

羽二重団子　澤野修一さん

職人としての誇りが見えるひと言。

「配合なんか知られたっていいんです。真似された頃は、私は先へ行ってますから」

芝神明榮太樓　内田吉彦さん

「お茶のおいしさを請けおうから〝お茶請け〟という。だから、菓子はどんなにおいしくても引き際が肝心。いかに消えるか。武士道にも通じるんです」

一幸庵　水上力さん

「定休日も羊羹を作るので休日はありません。それでも、毎日楽しいですよ」

こしの　茂木進さん

店舗経営者らしい言葉も。

「数値で計れない〝自分だけの味〟を追求するのが、大企業にはできないところ」

一幸庵　水上力さん

「へたに手広くやらず、やれるだけのことをコツコツやってきた。それが今につながっているんです」

ちもと　石原謙さん

「あまりふろしきを広げすぎちゃだめ」

うさぎや（阿佐ヶ谷）　瀬山妙子さん

最後は、やはりこのひと言。

「甘いものを食べるとね、なんかこう、脳の中に快感が走るんですよね」

いせや　山下佳和さん

3章

私のお気に入り、私の手みやげ

初めてのお菓子を食べたときの印象は、
なかなか忘れないもの。
各界でご活躍の6名の方に、
お気に入りのお菓子とその出会いに
まつわるエピソードを語っていただいた。

和菓子をもらうのが一番うれしい

ふるや古賀音庵 餅のどら焼き
茶寮 季節のプリン大福

村田睦 さん
（TOKYO FMアナウンサー）

和菓子を食べる機会は、以前より増えていると思います。番組の収録前にゲストに差し上げたりしますが、和菓子を持っていったほうが大人っぽくて、「粋」な感じがします。「まちがいない」という感じですね。私が誰かからいただくときも、和菓子のほうがうれしいです。

和菓子は、小豆とかお米といった植物原料を使っているし、ヘルシーなイメージがあります。今の若い女性で和菓子が好きな人、多いと思います。

収録やオンエアが終わった後も、疲れるので甘いものが欲しくなります。そんなときも、和菓子がいいですね。

仕事柄、新しい情報を探しているので、おいしい手みやげの情報は気になり、ネットで探したりもします。報道・情報センターの仲間同士でも、和菓子の情報が飛び交っているんですよ。

ふるや古賀音庵はお団子がおいしいお店ですが、ここの餅のどら焼きがとても気に入っています。

ふつうのどら焼きかと思って手に取っ

季節のプリン大福
1個 420円
神楽坂 茶寮
☎ 03-3266-0880
http://www.saryo.jp/
（写真提供:神楽坂 茶寮）

餅のどら焼き
1個 126円
ふるや古賀音庵
http://www.koganean.co.jp/
（写真提供：株式会社富留屋古賀音庵）

村田　睦（むらた　むつみ）
TOKYO FMアナウンサー。1999年にTOKYO FM入社。番組ディレクターを経て、報道・情報センターに配属。現在は、『BRUTUS』編集長石渡氏との情報番組「The Lifestyle MUSEUM」（金曜日18:30～19:00）や土曜日のカウントダウン番組ゾーンのナビゲーションなどを担当している。

たら驚きました。手に吸いつくような「モチっと感」。皮に餅粉を使っているので、しっとりやわらかくて、弾力があるんです。お団子とどら焼きのおいしさがうまく手を取り合って、とてもマッチしていると思います。中のあんは、さすが伝統あるお店だけあって、小豆の風味が生きていてとてもおいしいです。

　個別包装なので、みんなで分けあうのにちょうどいいのもうれしい。ひとつがそれほど大きくなくて、食べやすいサイズにできています。上品な甘さなので男性にも喜んでもらえると思います。

　王道を行くような和菓子もいいですが、女性同士で食べるなら、茶寮の季節のプリン大福もおすすめです。店は和カフェなのですが、このお菓子はテイクアウトができます。

　まず見た目がかわいい。ひとつずつ、竹かごに入っているんですよ。箱を開けたときに、ワーッという驚きの声が聞きたいんです。そういうインパクトも大事ですよね。報道・情報センターの女性たちも、これを差し出すとキャーキャー言って喜びます。

　ふわふわのおもちの中に、とろとろのプリンと、かぼちゃとか、ココアとか、季節のあんが入っているんです。「この中に、こんなものが入っているんですよ」「こっちはこんな味」というふうに、話が広がるのがいいですね。

　最近は、和菓子にもいろいろありますね。伝統のお菓子もあれば斬新なものもある。私としては、伝統を大切にしながら常に新しいものにチャレンジしているお店が好きですね。

「わざわざ感」がうれしい

紀文堂 紀文せんべい

中山庸子さん
（エッセイスト・イラストレーター）

紀文せんべいとの出会いは、15年ほど前です。群馬県前橋市から南青山に引っ越してきた頃のこと。当時小学生だった娘の同級生のお母さんからいただいたのが最初でした。

「どうして麻布十番のお店なのかな」と、はじめは不思議だったんですが、すぐにその謎が解けました。それは、南青山には大きな商店街がなくて、子供の学用品などを買うのに、お母さん方はだいたい麻布十番に出かけていたからなのですね。

初めて食べたとき、ほんのりした甘さ、ぱりっとした歯ごたえにとっても感動しました。いろんな味があり、形もさまざまで楽しいのです。

前橋にもこのような甘いおせんべいはありましたが、あまり食べたことがありませんでした。どちらかというと塩味やしょうゆ味のおせんべいが好きだったので。だから紀文堂の紀文せんべいのおかげで、甘いおせんべいのイメージが変わり、それ以来のファンです。

麻布十番は、今でも下町の雰囲気がよく残っている私の好きな街。買い物に行くときは、必ずこのおせんべいを買って帰りますし、親しい方への手みやげとし

紀文せんべい
10枚入り368円から
紀文堂
港区麻布十番2-4-9
☎ 03-3451-8918

中山　庸子（なかやま　ようこ）
群馬県生まれ。女子美術大学、セツ・モードセミナー卒業。県立女子高校の美術教師を経て、現在エッセイスト、イラストレーターとして活躍中。著書に『「夢ノート」のつくりかた』『自分の「いいところ」が100個見つかる本』『書きこみ式「いいこと日記」2008年版』など多数がある。

ても重宝しています。

お店ではご主人たちが手焼きで作っているのが、安心できていいし、有名なお店なのにきどっていなくて、庶民感覚を大切にしているがいいですね。

お友だちに持っていくと、包みを見て「十番に行ってきたのね」とすぐわかってくれる。手みやげって、相手のことを思いながらちょっと手間隙かけて買ったという、「わざわざ感」が伝わると、相手もこちらもうれしいもの。そのことがきっかけになって話がはずむのって楽しいですよね。

PTAの会合などで、紀文せんべいが出て、よくいただきました。ちょうど前橋から引っ越してきて、生活のリズムがつかめず、不安になった頃でしたから、このおせんべいを食べながらお母さんたちとおしゃべりができて、仲良しになれました。「東京もなかなかいいところだな」と、とても癒されたひとときでしたね。

このように、みんなでお菓子を食べながらのおしゃべりは、気がねなくていいものですが、手みやげをもっていくときは、相手の家族構成を考えますね。賞味期限のことも頭に入れておかないと、ご夫婦二人のお宅に生菓子をたくさん持っていくと、相手も困ってしまいますから。

ですから、手みやげには、手軽に食べられて、日持ちのするもの、かつおいしい。ぜいたくを言うと、カロリーも低めのヘルシー志向のものを選びます。それにあてはまるのが、私の大好きな紀文せんべいなのです。

おいしいと思うものを自信をもって渡す

赤坂柿山 おかき

野村正樹さん
（作家）

手みやげの効用の一つに、場の雰囲気を和らげることができる、というものがあると思います。

お願い事で訪問する場合、相手は「どんな依頼だろう」と身構えるでしょうし、お詫びの訪問なら、怒りで人を寄せ付けない雰囲気を作ってしまうもの。そんなときちょっとした手みやげがあれば、固まった空気を溶かしてくれるでしょう。はじめての訪問先でも、手みやげがあれば、それが「つかみ」になって、話の導入がスムーズになったり。

私もサントリー勤務時代は、必ずといっていいほど手みやげをもって訪問をしたものでした。当時、会社が赤坂見附にありましたから、地元のお菓子を選びました。代表的なものとして、とらやの羊羹、赤坂青野の赤坂もち、そして赤坂柿山のおかきの三つ。それぞれに役割がありました。

なにか失敗をしてしまい、お詫びにうかがうときは、とらやの羊羹。重厚さと格調の高さで、こちらの誠意の一端を表すことができました。

依頼事には赤坂青野の赤坂もち。特に宣伝部や広報部時代の手みやげとして自社のお酒に添えて持っていきました。文

赤坂慶長・赤坂慶凰
化粧缶入り各1050円より
赤坂柿山
http://www.kakiyama.com/
（写真提供:株式会社赤坂柿山）

野村　正樹（のむら　まさき）
神戸市生まれ。慶應義塾大学経済学部卒。サントリー（株）入社。営業部、宣伝部、マーケティング部等で活躍。86年『殺意のバカンス』で推理作家としてデビュー、95年作家として独立。著書に『頭の冴えた人は鉄道地図に強い』『嫌なことがあったら鉄道に乗ろう』『人生の黄金時間をつくる50⁺手帳術』など多数。

化人や有識者の先生に広報誌などに寄稿をお願いしたり、コメントを寄せていただくといった依頼のときです。

　そして得意先、取引先への手みやげとして活躍したのが、赤坂柿山のおかき。これは営業部時代の私の必需品とも言えるものでした。

　サントリーは洋酒メーカーですから、重要なお得意先の一つにお酒の問屋さんがあります。問屋さんというのは食品全般を扱っておられる会社が多いので、口が肥えている方が多い。手みやげは絶対においしいものでなければならなかったのです。その上、忙しい現場のセールスマンや事務の方にも行き渡り、手軽に食べてもらえるものでないといけない。

　その条件を充たすのがこのおかきだったのです。個別包装なので、切ったり盛ったりと、相手の手を煩わさないことでも喜ばれました。その上、このおかきはうまい。なぜこんなにうまいかというと、原材料のお米（新大正糯米）と名水百選に入っている立山連峰の水を使っているからなのです。そのうえ手づくり。原材料の麦と水にこだわり、手間隙をおしまないサントリーのウイスキー作りと共通点を感じ、手みやげとして柿山のおかきを活用しました。

　自分自身が「美味しい」「これはうまい！」と思うものを持っていくことは、自信になります。「これ、地元赤坂のお菓子です。うまいですよ」と言って渡す。これだけで心が通じるような気がしました。作家として独立した今でも、自信をもって使っているのが、赤坂柿山のおかきなのです。

和菓子さえあれば生きていける!
そんな私のお気に入り

志むら　九十九餅

河合薫さん
（保健学博士・気象予報士）

私は和菓子が大好きで、特にあんこには目がありません。このあんこ好きは、母の影響だと思っています。小さいころからお菓子といえば母の手づくりでした。おはぎはもちろん、中華まんまで手づくり。

　特におはぎのときは、母がお鍋で煮るあずきが、あんこになるのを待ちきれなくて、私はお鍋のふちに付いたのを指ですくってなめたりしました。母に見つかって怒られたのも、今では楽しい思い出です。

　そんな小さいころの体験からか、私は和菓子が大好きな大人になりました。オーバーに言うと、あんこ、和菓子があれば、ほかに食べるものがなくても生きていけるくらい。「和菓子好き番付」というのがあれば、横綱クラスだと自負していますよ。ですから手みやげには和菓子を選ぶようにしています。

　相手の方との会話で「甘いものが好きで」とか「つぶあんが好み」という言葉をしっかりキャッチして、次回会うときの手みやげを考えたりしますね。

　また家族構成を頭に入れて選ぶようにもしています。小さいお子さんがいるご家庭には、切って食べるお菓子を選びま

九十九餅　1個 105円
志むら
豊島区目白 3-13-3
☎ 03-3953-3388

河合　薫（かわい　かおる）
千葉県出身。千葉大学教育学部卒業後、全日本空輸（株）で国際線客室乗務員として勤務。第1回気象予報士試験に合格し、テレビ朝日系「ニュースステーション」等で、独自の気象情報を提供。2007年東京大学大学院医学系研究科博士課程修了。保健学博士号を取得する。研究・講演・執筆・テレビ出演等で活躍中。著書に『「なりたい自分」に変わる9:1の法則』『上司の前で泣く女』など。

す。子どもって、目の前でお菓子を切ってもらうのを、すごく喜んでくれるから。反対に、独りものの友だちには、切らなくていいお菓子にしています。

手みやげって、相手のことを思い浮かべながら選ぶのって楽しいし、もらった方も、そのことを感じ取ってくれるのではないかと思うのです。でも手みやげには、やっぱり自分の一番好きなものを持っていくのが、いいですね。

私の一番好きなものと言えば、志むらの九《つ》十《く》九《も》餅《もち》。これは数年前母から教えてもらったお菓子です。「絶対においしいから、食べてごらん」と言われたのです。

九十九餅は、求肥にきなこをまぶしてあって、ちょっと大振りなんですね。口の周りがきなこだらけになりそうで「うーん、どうかな」と思いながら、ひと口食べてみました。次の瞬間、「おいしー！」と声をあげていましたよ。求肥がとろけるように柔らかく、甘味もひかえめで上品。求肥が溶けた後に口に残る豆がまたおいしいのです。

それ以来、九十九餅は私のイチ押しで、大切なお友だちへの手みやげ、お世話になった方への贈答品になっています。地方への発送は可能なのですが、販売は目白のお店だけなので、「通」ぽくって気に入っています。あんこはちょっと苦手、という方にもお勧めです。

九十九餅をお送りした方から、「ひと口食べただけでファンになった」と感想をいただいています。おいしいものを食べてほしいと思う私の気持ちが伝わったうれしい瞬間ですね。

林家正雀（**以下、正雀**）　ウチの師匠（林家彦六）は、食後に必ず甘い物を食べてましたね。昔の方は意外とそうなんですね。身体にいいんでしょうか。

扇よし和（**以下、よし和**）　小唄の先生方も、甘党の方は多いです。小唄の演奏は体力も頭もフルに使いますから、疲れるんですよ。甘党でない方は、あられとか煎餅とか、パリポリ食べられるものもいいとおっしゃいます。

正雀　知り合いの中には、どこへ行くにも同じ手みやげを使うという人もいます。持って行くほうは楽ですけどね、もらう側は好き嫌いがそれぞれありますから、失敗もあるらしいですね。

よし和　やはり自分の好みを押し付けるより、相手の方がどういうものが好みか、それを考えて贈るのが基本ですね。

対談

気持ちが相通じれば　それが一番

林家正雀さん（落語家）×扇よし和さん（小唄家元）

正雀　それに、師匠の好物もいいんだけど、おかみさんが好きなものをもっていくとまた具合がいい。そんな時は便利に使えるお惣菜なんかを利用します。

よし和　相手のことを考えるという、基本を踏まえた上で、必ず自分がおいしいと思えるものを選びます。だから、お渡

林家正雀
（はやしや　しょうじゃく）
山梨県生まれ。1974年故林家彦六（当時正蔵）に入門。83年真打に昇進。87年芸術祭賞受賞。92年「林家正雀の会」で二度の芸術祭賞受賞。

しするときは、「つまらないものですが」ということは言いません。

正雀　落語の師匠方は、舌の肥えた方が多いんですよ。だからヘタなものは持って行けない。でも、やっぱり胸張っていいものを出したいじゃないですか。だから手みやげは大切ですよ。

扇よし和
（おうぎ　よしかず）
小唄扇派家元。東京生まれ。12歳で小唄花菱派名取りとなる。1986年扇派二代目家元を襲名。以後数々の舞台で演じ、多くの賞を受賞する。テレビ、ラジオなどでも活躍中。

薄焼一番搾り
10枚入　262円
一休堂
台東区入谷1-2-10
☎ 03-3871-0435

鮪最中　1個137円
鮪まん　1個158円
鮪松月
台東区雷門1-16-7
☎ 03-3844-0181

黒まんじゅう
1個260円
ときわ木
中央区日本橋1-15-4
☎ 03-3271-9180

加賀宝生
1個90円
諸江屋
http://www.moroeya.co.jp/

よし和　正雀師匠のおすすめは？

正雀　いくつかお持ちしました。まずは入谷の一休堂。ここの煎餅「薄焼一番搾り」は醤油が濃いめです。甘めのタレを使う店もありますけど、ここは醤油だけ。しかも固すぎないところがいいです。

　浅草の鮪《たこ》松月は師匠がお気に入りでした。白あんの「鮪最中」もいいですし、こっちの「鮪まん」、これがばかうま。

よし和　白あんの中に、青エンドウが入っていますね。

正雀　ちょっと上品にいきたいときは、金沢の諸江屋の「加賀宝生」もおすすめですよ。生落雁は東京ではあまりないんじゃないでしょうか。デパートの物産コーナーで買います。

よし和　私は日本橋ときわ木の「黒まんじゅう」を。黒糖の甘いあんがたっぷり入っています。
正雀　うん、これはおいしい。
よし和　坂角総本舗のお煎餅などもよく使いますね。「さくさく日記」はホタテ味もあるんですよ。
　東京ローカルではありませんけど、鎌倉源吉兆庵の「とこよ」は、ゆずの砂糖漬けで、のどにいいとよろこばれます。甘さとゆずの香りで、ついつい手が伸びちゃうんですよね。たねやの「斗升《ますます》最中」もいいですね。小豆あんとゆずあんが入っています。どちらも都内デパートにあるので買いやすいですし。それに、パッケージもきれいなんですよね。
正雀　落語家の世界では、外見より中身という人が多いですけどね（笑）。
　しくじった時なんかは、手みやげにも気を使います。そんな時は、お弟子さん

さくさく日記　1袋 105 円
坂角総本舗
http://www.bankaku.co.jp/

とこよ　1箱 840 円
源吉兆庵
http://www.kitchoan.co.jp/

斗升最中　1個 150 円
たねや
http://www.taneya.jp/

にあらかじめその方の好物を聞くんですよ。それを、わざわざ買いに行っておとどけする。これはよろこんでくださいますよ。「わざわざ買ってきた」というのが効くんです。気を遣ってるってことがわかりますから。お詫びやお願い事をするときは、そんなふうにします。
　ともかく、よろこんでくれるのが一番ですよ。よろこんでくれたら、私もうれしい。
よし和　気持ちを込めるということですね。相手からもこちらの気遣いが見えるような。気を遣ってくれたんだなってわかるものがいいですね。もらう側になった時も、自分のことを考えてくださったものは、どんなものでもうれしいです。
正雀　要は気持ちですね。気持ちが相通じれば、それが一番だと思います。

4章

インストラクターが教える 手みやげのマナー 実践編

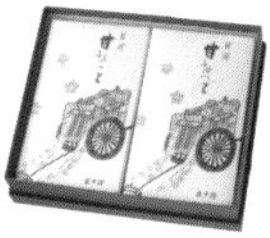

せっかくの手みやげを無駄にしないためには、いくつかの準備とその場でのふるまいが大切。ビジネスマナーの講師を務める浦野啓子氏に、実際に手みやげを渡すときのコツをうかがった。

準備は周到に

客先へ出向くスケジュールが決まった時点で、手みやげの準備は始まっている。まず、次のことをチェックしよう。

1．相手の好みを知る

送り先は甘いものが好きかどうか。まったく受け付けない人は別として、少しでも好きなようなら、本書が役に立つ。ただし注意すべきことがある。「甘いものが好きなのに、病気やダイエットなどの理由で控えている場合がよくある」と浦野さんは指摘する。食べたいのに食べられないものを目の前に差し出されたら、これほどつらいものはない。

ただし、食べられない程度も人それぞれあるので、「小ぶりなものを『ひと口だけなら召し上がっていただけると思って』という言葉を添えてお出しするのもよい」（浦野さん）。本書2章「健康志向のお得意先に」の項も要チェックだ。

また、自分が本当においしいと思えるものを、自信をもって贈るようにしよう。「自分が嫌いなものを使っても、自分の気持ちがのらず、それが相手に伝わってしまいます」と浦野さん。本書を活用して、相手のツボを突く一品をじっくり選んでほしい。

2．送り先の人数の見当をつける

贈る相手は、その人個人なのか、部下を含むグループなのか、はたまたフロア全体に配ってもらうのか。そのあたりを確認しよう。フロアの一角、いわゆる「島」に対して送るにせよ、大人数にせよ、「一個だけ足りなかった」ということだけは避けたい。

「少し余るくらいでちょうどよい」と浦野さんはアドバイスする。浦野さんご自身も、事前に先方の若手スタッフに連絡し、人数を確認しておくという念の入れようだ。

3．掛紙、熨斗は必ずしも必須ではない

もらう側の気持ちになってみると、普段めったに食べないような立派なものを差し出されたら、恐縮しがちだ。紅白の水引がついた掛紙がかかっていると、さらに恐縮される可能性が高い。普段使いの手みやげを立派な包みにすると、威圧感が増すだけで逆効果になる恐れがある。状況に応じて、気軽なパッケージをさっと出す演出も必要だ。「そのほうがもらう側も気が楽」（浦野さん）。

逆に、お詫びやお祝いの時は熨斗《のし》つき掛紙があったほうがよい。用途に応じてお店の人に相談しよう。

大事な場面で使う贈答品の場合は、杉箱を使う手もある。これだけで格が上がり、あらたまった感じが演出できる。杉箱はたいていの和菓子店に用意してある。

効果的な渡し方

1．渡すタイミング

訪問してあいさつをすませた後が、絶好の「手みやげタイム」。ただし、部下の応対で部屋に通された場合、あわててその人に渡してしまうと、肝心の

本人への印象が薄れるため手みやげの効果がない。必ず本人の登場を待ってから渡すこと。

本人が直接応対に出た場合は、席につく直前に渡すのがよい。「手みやげを床に置くのは失礼」と浦野さん。胸よりも下に持たず、丁寧に扱うのが理想だという。

2．渡すときの姿勢

「男性の方は、勢いでぶっきらぼうに渡してしまいがち」と浦野さん。ここは落ち着いて行動を。片手で差し出すのはNG。下図のように、必ず手を添えて差し出すのがよい。「指先の姿勢でていねいさを演出する」のがコツだ。

また、本式の礼儀作法では、紙袋から出して手みやげを渡すのが礼儀とされるが、ビジネスシーンではここまでする必要はない。紙袋のままで出しても

失礼にはあたらないと浦野さんはアドバイスする。

3. 贈り物と言葉はセット

浦野さんがもっとも重要視するのがここだ。どんな思いで、誰に食べてほしいのかをさりげなく伝えないと、手みやげの意味がない。

手みやげを渡す時は、適切な言葉を必ず添えるようにしよう。次に挙げる例を参考に、自分なりのフレーズを用意しておけば完璧だ。

状況別・あいさつフレーズ

本人に食べてほしいとき

「好物とうかがってきたのでお持ちしました」

「甘い物好きの先生にはぜひ気に入っていただけると思って」

部署全体に贈りたいとき

「みなさんで召し上がっていただきたくて」

好物かどうかわからないとき

「お口にあうかと思いまして」

「一度召し上がっていただきたいと思いまして」

「評判ですので」

「それほど甘くない」「健康にいいそうです」などの言葉も上手に組み合わせて。

お詫びに伺うとき

「お詫びかたがたごあいさつに伺いました」

「苦い思いだけですと申し訳ないので今日は甘いものを」

お互いの労をねぎらうとき

「甘い思い出にと思いまして」

などなど。ときにユーモアを交えながら、適宜組み合わせて使用するとよいだろう。

また「お祝いの時なら、はずんだ感じで歯切れよく。お詫びの時はおちついた雰囲気で」言うことも大切。要はその手みやげの目的が何なのかを理解して、それを相手に伝えるための演出が必要なのだ。

また、遠方へ発送する時は、手紙を入れておいたり、電話で送ったことを伝えるなどしておこう。そうすれば、突然届いた手みやげに先方がとまどう事態が防げる。

こんなことに注意――手みやげ失敗談

＊紙袋ごと渡したが、袋にレシートが入ったままだった

＊紙袋に街頭で配られていたポケットティッシュを入れてしまい、そのまま渡してしまった。

＊緊張して落としてしまい、中身がぐちゃぐちゃになってしまった。

＊渡すタイミングを逃してしまい、傍らに手みやげを置いたまま打ち合わせ、帰り際になってやっと渡したが決まりが悪かった。

＊お詫びにうかがったのが雨の日。天候が悪いとどうしてもお互いの気分が沈みがちで、うまく話が進まなかった。ここぞという大事な時は天気も気にしておきたい。

＊手みやげを渡し終わったところで、緊張がほどけてしまい、肝心の商談に身が入らなかった。ホッとするのは外に出てからと痛感した。

もらう側の心得

自分がもらう立場になったときも、スマートな振る舞いで印象を良くしたい。もらったときは「お気持ちいただきます」の一言を。チームワークの良さをアピールするなら「さっそく皆でいただきます」「スタッフたちもよろこびます」といった言葉がおすすめだ。

珍しいもの、高価なものをいただいたときは「一度食べて見たいと思っていたんです」と添える。

自信をもってすすめられたお菓子には「なるほど、本当においしい」と応えてあげるのも好印象。遠方からきたものにはメールや手紙などでお礼を出すことも忘れずに。

なにかと面倒なことも多い手みやげだが、おろそかにせず、効果的な手みやげでビジネスの成功をつかんでほしい。

青柳正家(栗羊羹)

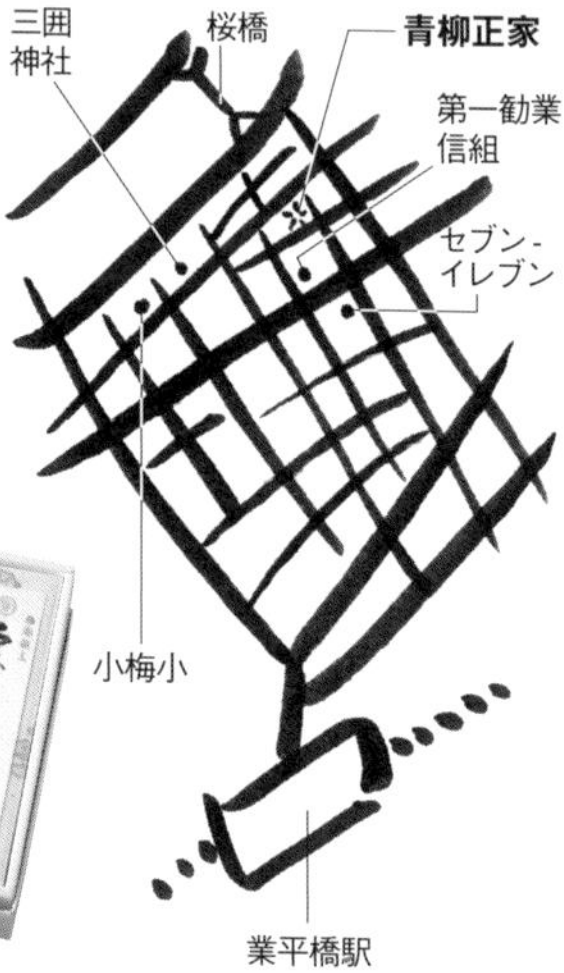

DATA
墨田区向島2-15-9
03-3622-0028
営業時間　9:00～19:00
定休日　日曜日、祝日

赤坂相模屋(豆かん)

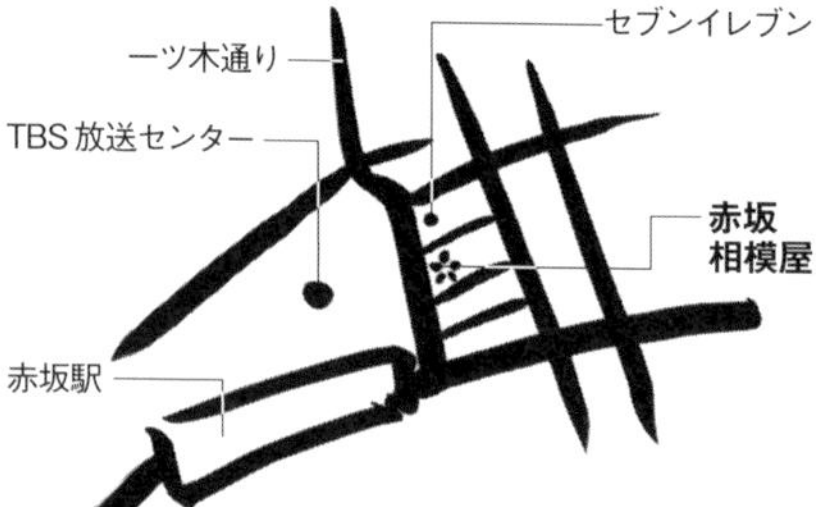

DATA
港区赤坂3-14-8
03-3583-6298
http://www.akasaka-sagamiya.co.jp/
営業時間　10:00～19:00
(土曜日は18:00まで)
定休日　日曜日、祝日

麻布青野総本舗(五彩饅頭)

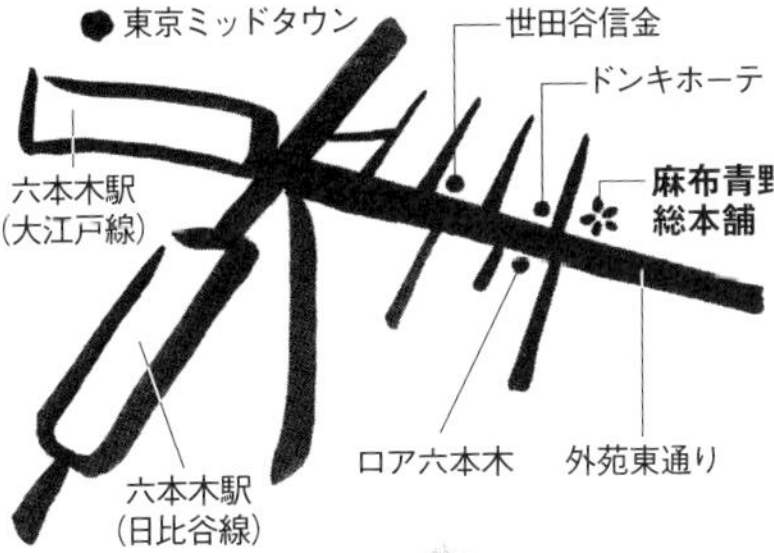

DATA
港区六本木3-15-21
03-3404-0020
http://www.azabu-aono.com/
営業時間　9:00〜20:00
(土曜日、祝日は9:30〜18:00)
定休日　日曜日

麻布昇月堂(一枚流しあんみつ羊かん)

DATA
港区西麻布4-22-12
03-3407-0040
http://www.bidders.co.jp/
user/5216113
営業時間　10:00〜19:00
(土曜日は18:00まで)
定休日　日曜日、祝日

五十鈴(甘露甘納豆)

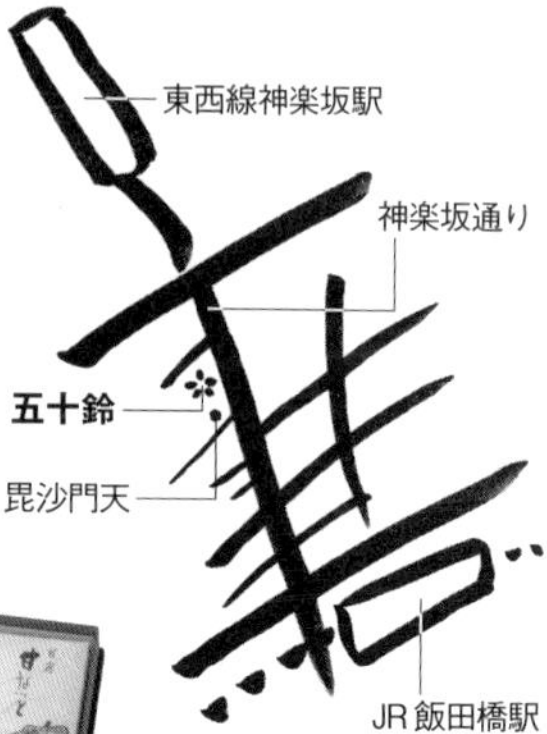

DATA
新宿区神楽坂5-34
03-3269-0081
営業時間
9:00〜20:00
定休日　日曜日、祝日

いせや(草もち)

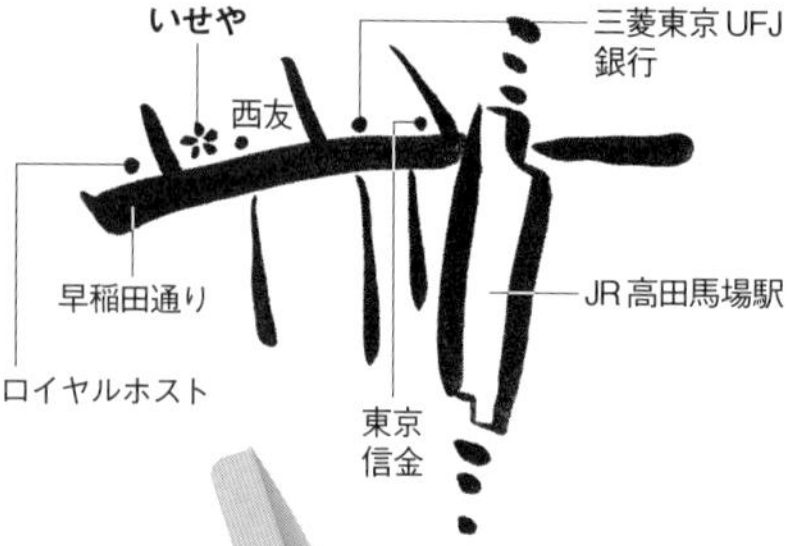

DATA
新宿区高田馬場
3-3-9山下ビル1F
03-3371-4922
営業時間　9:30〜20:00
(草もちは10:00から)
定休日　火曜日

一幸庵（わらびもち）

DATA
文京区小石川5-3-15
03-5684-6591
営業時間　10:00〜18:00
定休日　日曜日、祝日

うさぎや（茜もち）

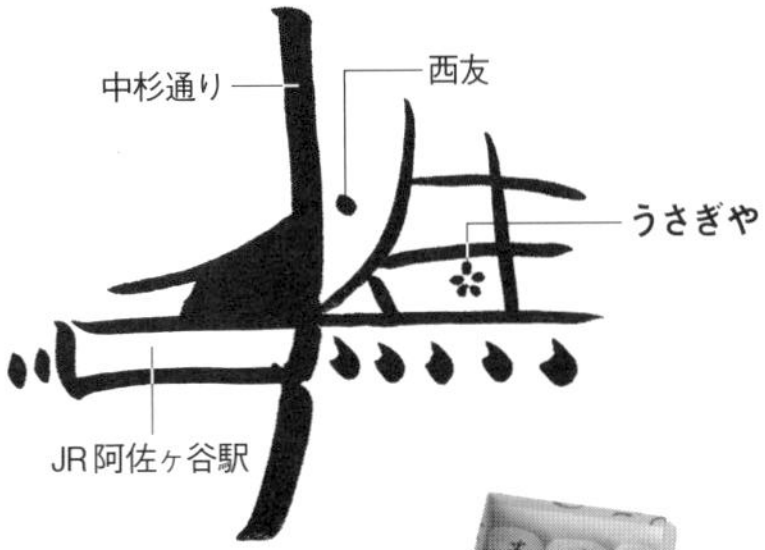

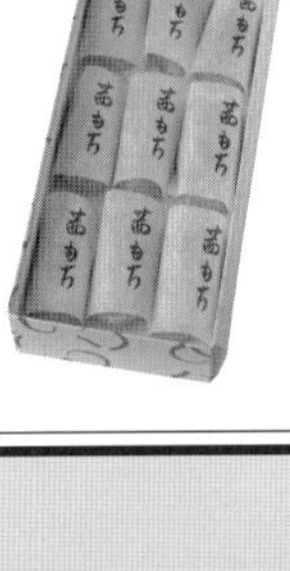

DATA
杉並区阿佐谷北1-3-7
03-3338-9230
営業時間　9:00〜19:00
定休日　土曜日、第3金曜日

うさぎや(どらやき)

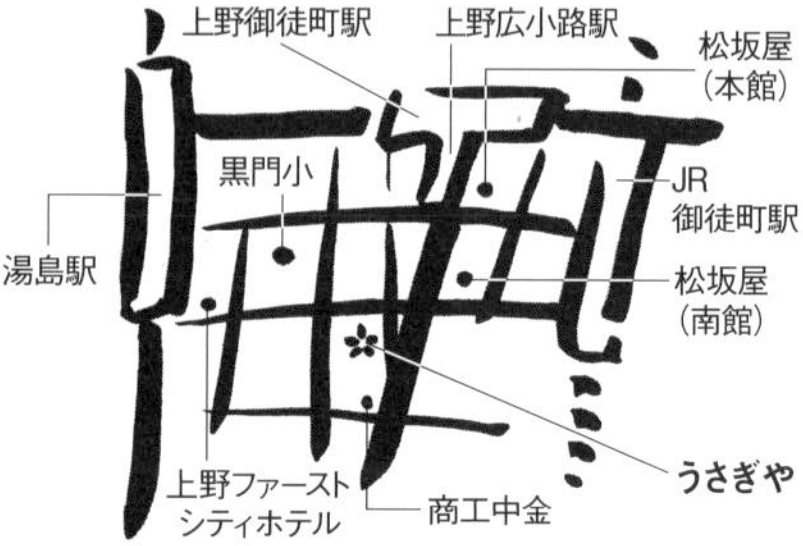

DATA
台東区上野1-10-10
03-3831-6195
http://www.tctv.ne.jp/usagiya/
営業時間　9:00〜18:00
定休日　水曜日

梅鉢屋(野菜菓子)

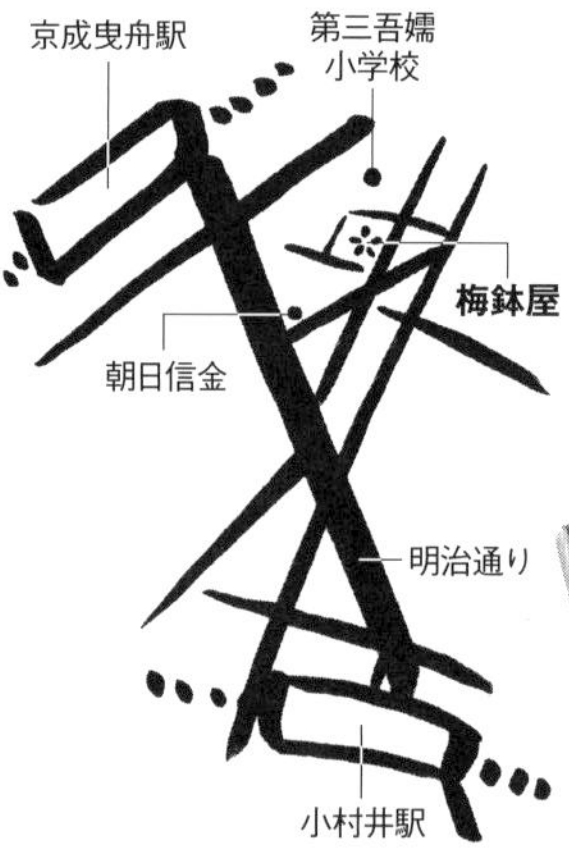

DATA
墨田区八広2-37-8
03-3617-2373
http://umebachiya.com/
営業時間　9:00〜18:00
定休日　日曜日、祝日

榮太樓總本鋪（楼）

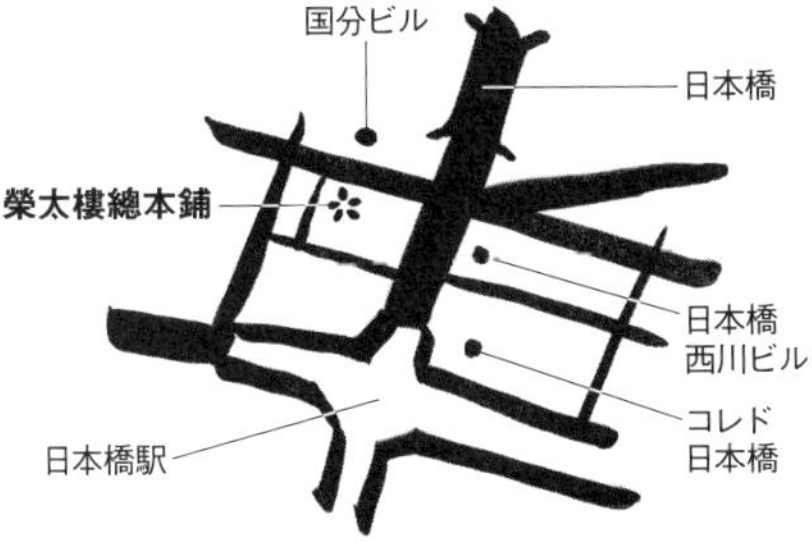

DATA
中央区日本橋1-2-5
03-3271-7785
http://www.eitaro.com/
営業時間　9:00〜18:00
定休日　日曜日、祝日

大坂家（織部饅頭）

DATA
港区三田3-1-9
03-3451-7465
http://www.o-sakaya.com/
営業時間　9:00〜18:30
（土曜日は18:00まで）
定休日　日曜日、祝日

小ざさ(最中)

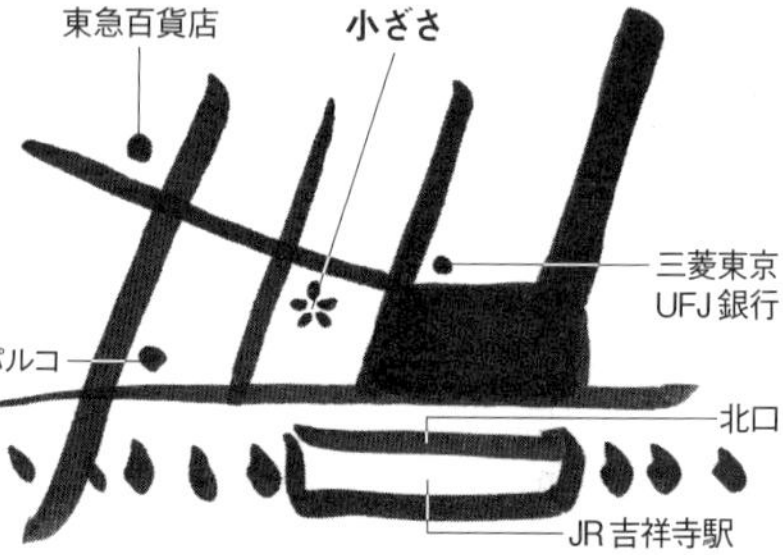

DATA
武蔵野市吉祥寺本町1-1-8
http://www.ozasa.co.jp/
0422-47-6095
営業時間　10:00〜19:30
(電話受付は17:00まで)
定休日　火曜日

花月(かりんとう)

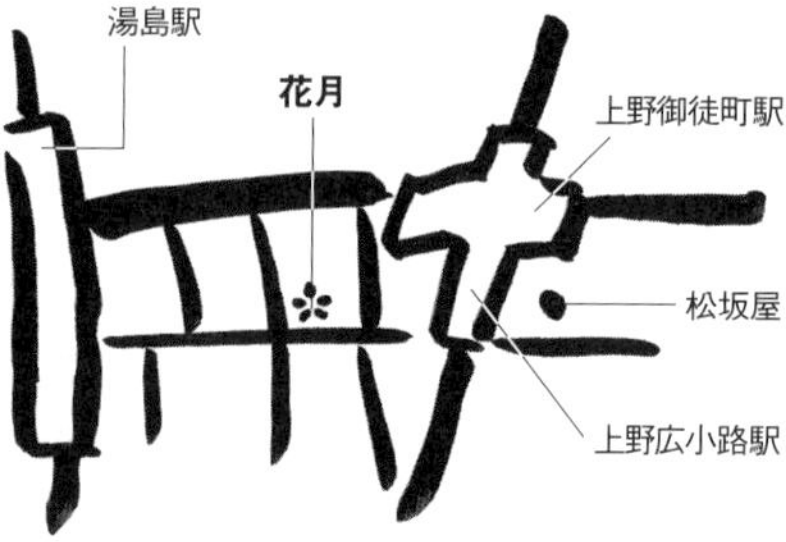

DATA
文京区湯島3-39-6
03-3831-9762
http://www.karintou-kagetsu.com/
営業時間　9:30〜18:00
定休日　日曜日、祝日

亀十(どら焼)

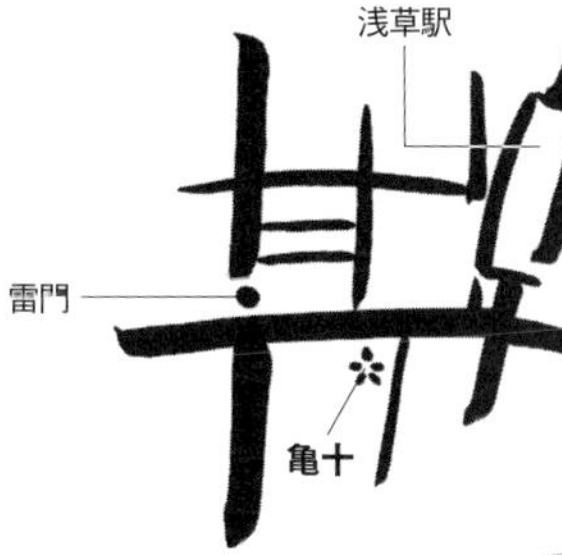

DATA
台東区雷門2-18-11
03-3841-2210
営業時間　10:00〜20:30
定休日　第1･3月曜日

菊家(利休ふやき)

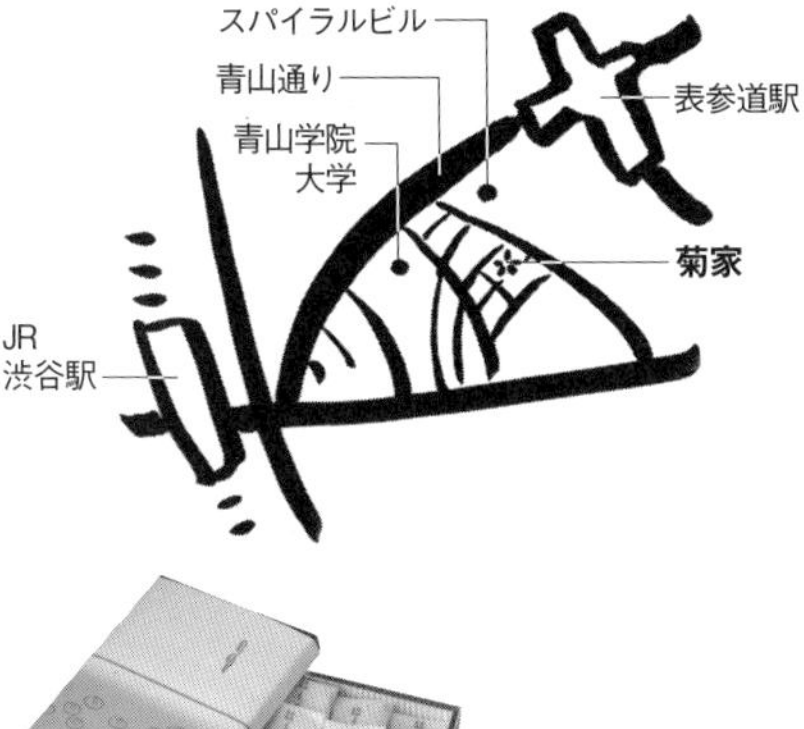

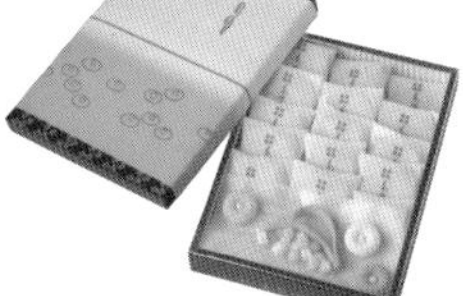

DATA
港区南青山5-13-2
03-3400-3856
http://home.h00.itscom.net/kikuya/
営業時間　9:30〜17:00
(土曜日は15:00まで)
定休日　日曜日、祝日

紀の善(抹茶ババロア)

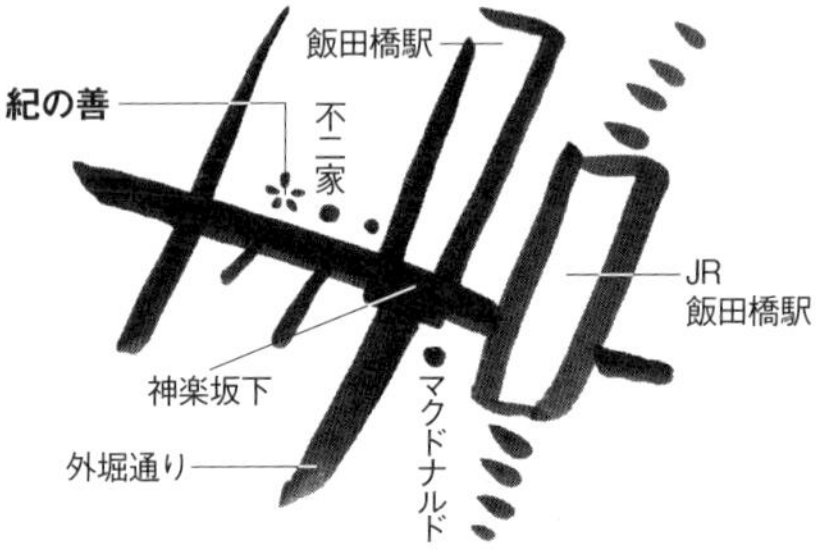

DATA
新宿区神楽坂1-12
03-3269-2920
営業時間　11:00〜21:00
(日曜日、祝日　12:00〜18:00)
定休日　第3日曜日

京あづま(竹林栗蒸し羊かん)

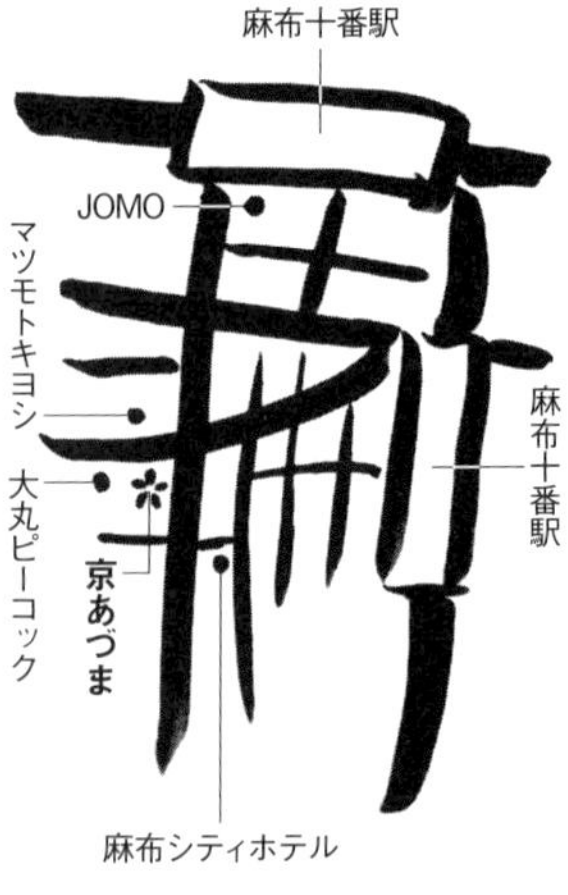

DATA
港区麻布十番2-9-5
03-3451-8922
営業時間　10:00〜19:00
定休日　火曜日

玉英堂(洲浜だんご)

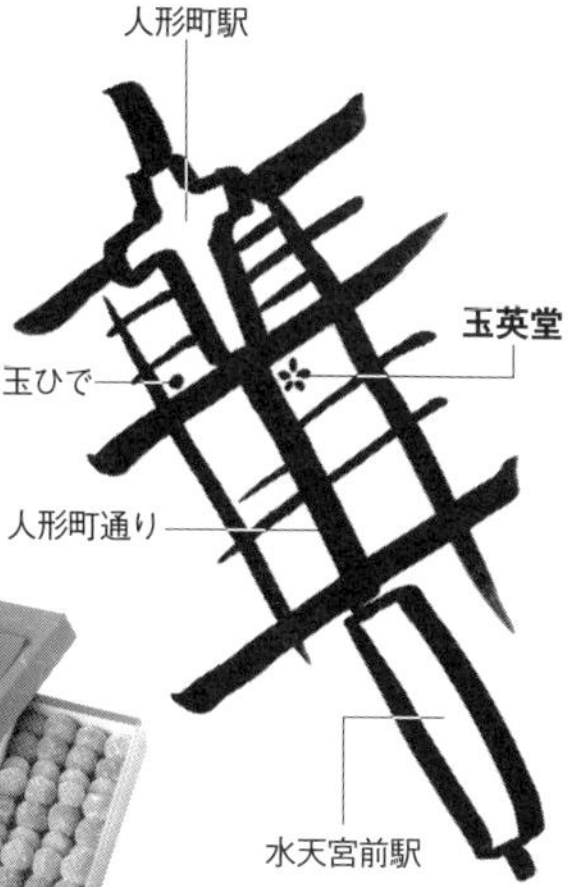

DATA
中央区日本橋人形町2-3-2
03-3666-2625
営業時間　9:30〜21:00
(日曜日、祝日は17:00まで)
定休日　毎月最終日曜日

空也(空也もなか)

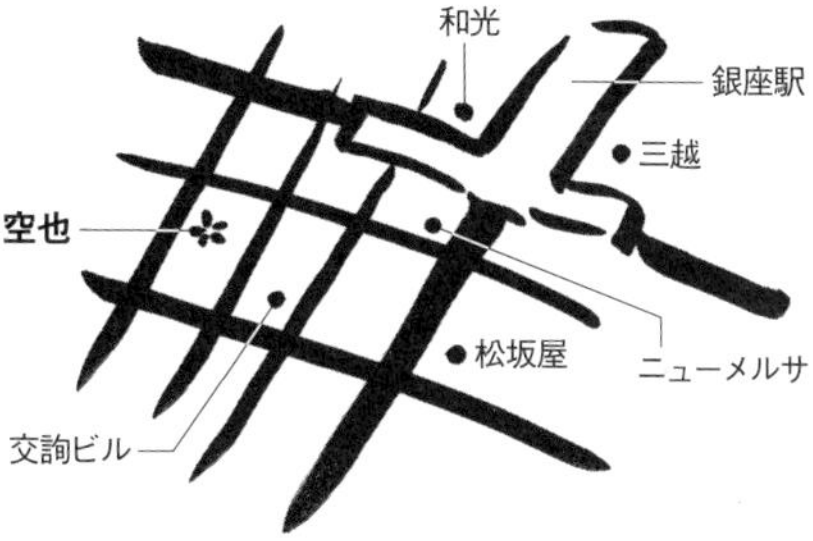

DATA
中央区銀座6-7-19
03-3571-3304
営業時間　10:00〜17:00
(土曜日は16:00まで)
定休日　日曜日、祝日

こしの(粒羊羹)

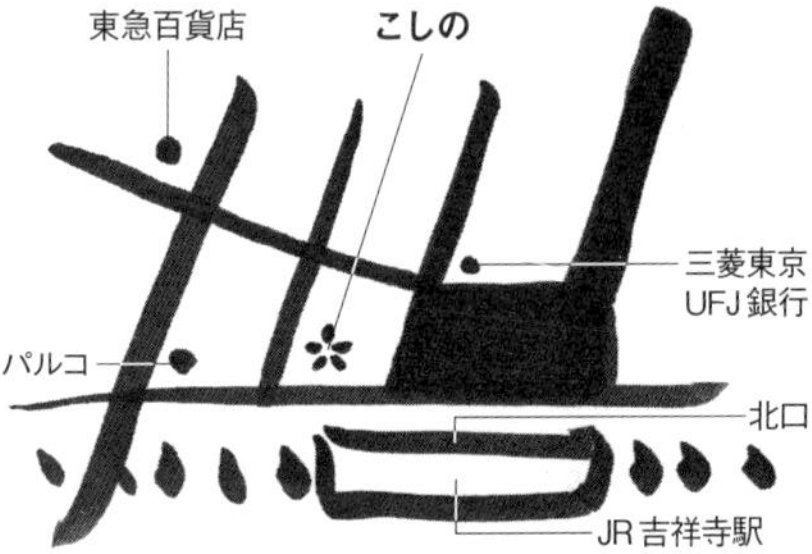

DATA
武蔵野市吉祥寺本町1-1-4
042-421-8080
http://www.koshino.ecnet.jp/
営業時間　13:00〜18:00
定休日　木・金・土・日曜日
(本店は日曜日のみ休み)

さゝま(松葉最中)

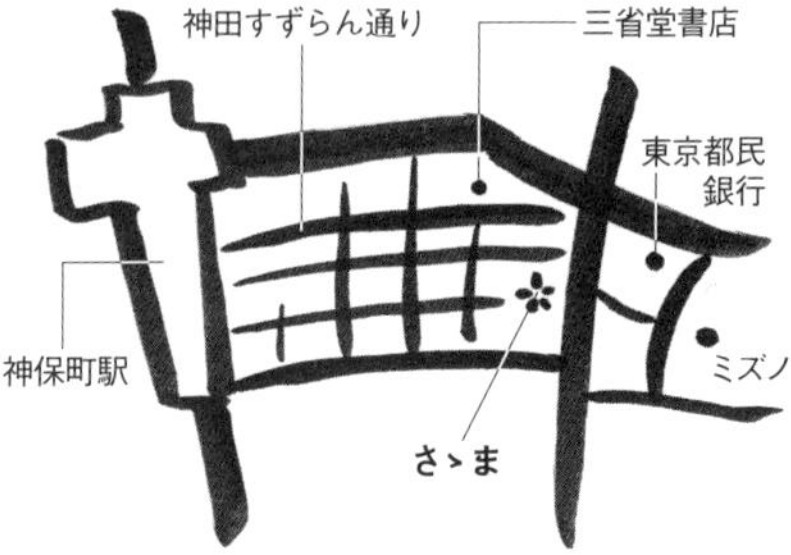

DATA
千代田区神田神保町1-23
03-3294-0978
http://www.sasama.co.jp/
営業時間　9:30〜18:00
定休日　日曜日、祝日

塩瀬総本家(本饅頭)

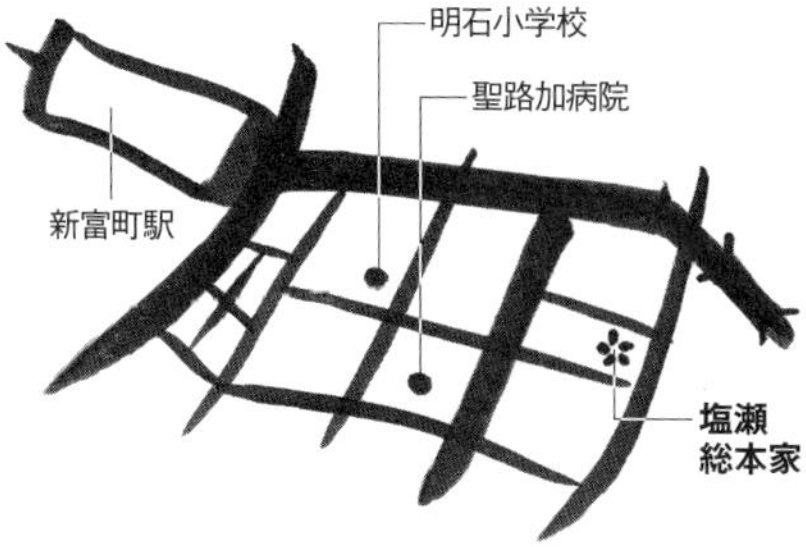

DATA
中央区明石町7-14
03-3541-0776
http://www.shiose.co.jp/
営業時間　10:30〜19:00
定休日　日曜日、祝日

芝神明榮太樓(江の嶋最中)

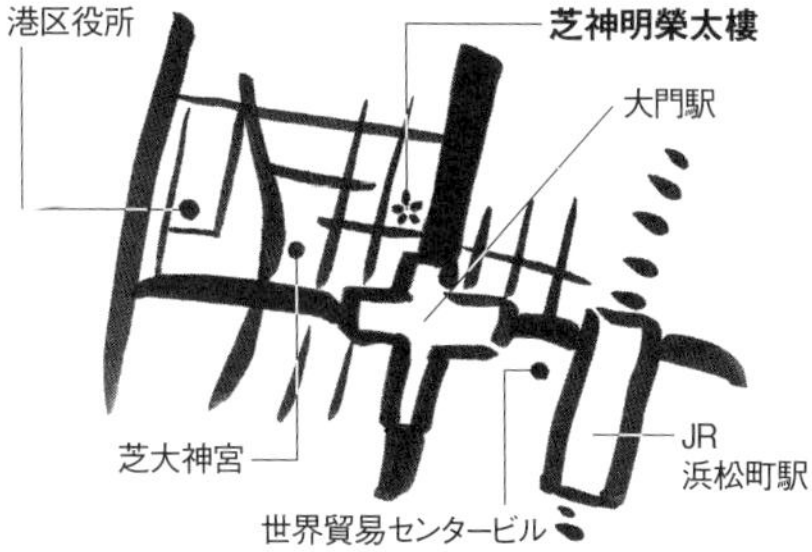

DATA
港区芝大門1-4-14
03-3431-2211
http://www.shiba-eitaro.com/
営業時間　9:00〜19:00
(土曜日は15:00まで)
定休日　日曜日、祝日

新正堂(切腹最中)

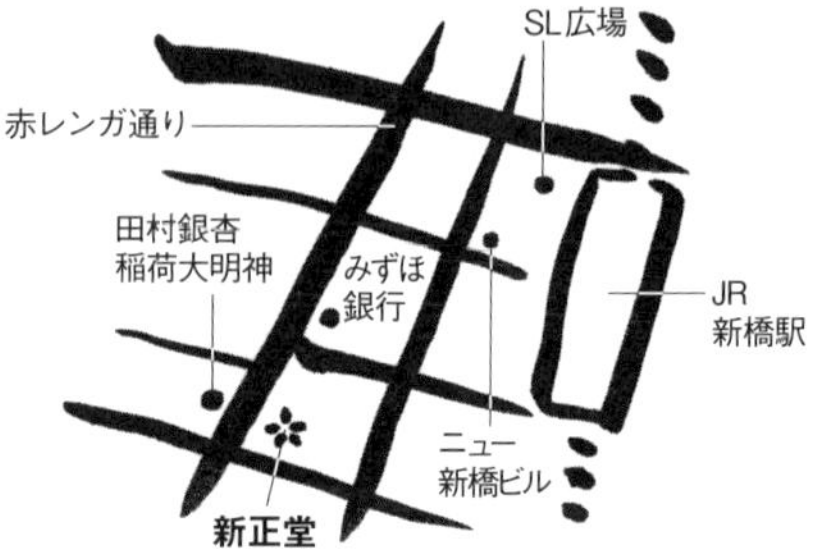

DATA
港区新橋4-27-2
03-3431-2512
http://www.shinshodoh.co.jp/
営業時間　9:00〜20:00
(土曜日は17:00まで)
定休日　日曜日、祝日

清月堂本店(おとし文)

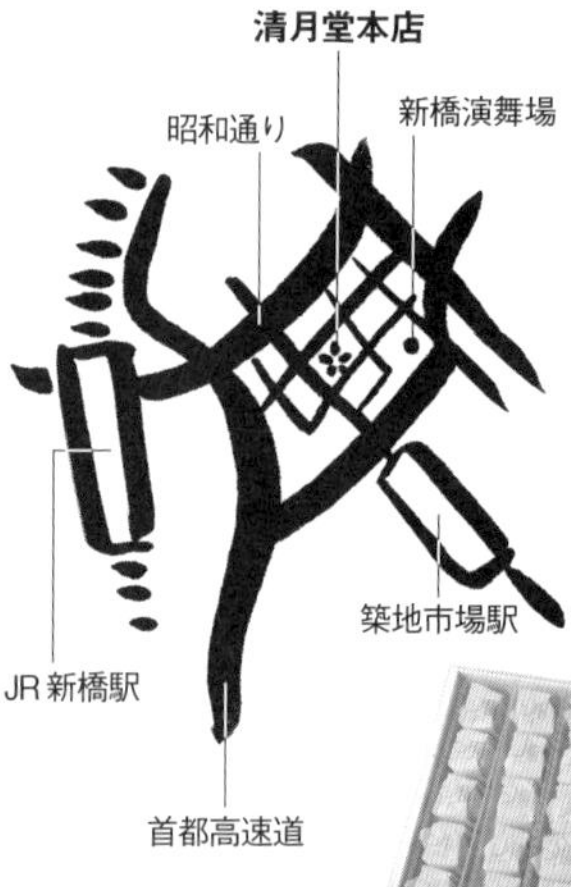

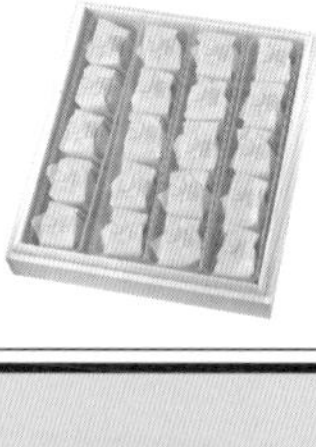

DATA
中央区銀座7-16-15
http://www.
seigetsudo-honten.co.jp/
0120-010-801
営業時間　8:30〜19:00
(土曜日は9:00〜18:00
電話注文は9:00〜18:00)
定休日　日曜日、祝日

草月(黒松)

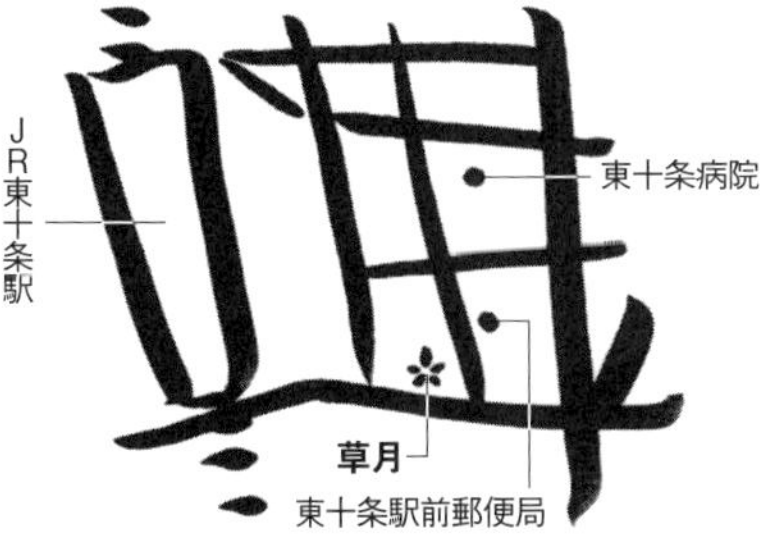

DATA
北区東十条2-15-16
03-3914-7530
http://www.sogetsu.co.jp/
営業時間　9:00〜19:00
定休日　火曜日

ちもと(八雲もち)

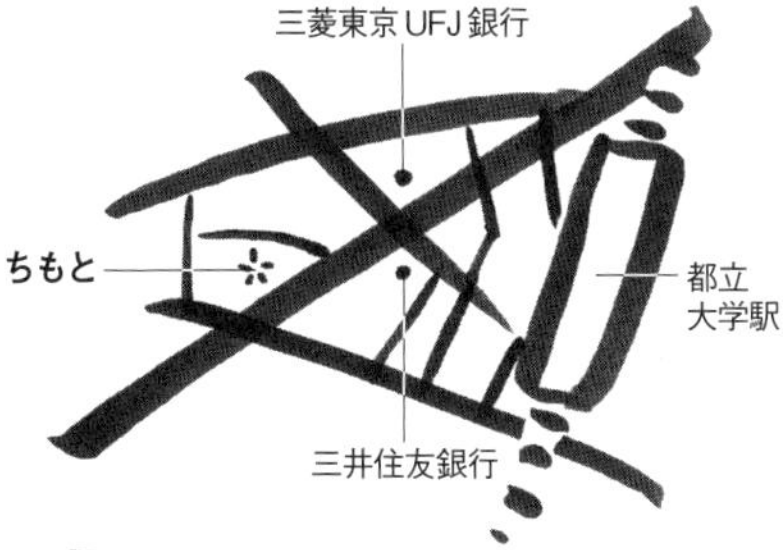

DATA
目黒区八雲1-4-6
03-3718-4643
営業時間　10:00〜19:00
定休日　木曜日

天三味（谷中下町ゆべし）

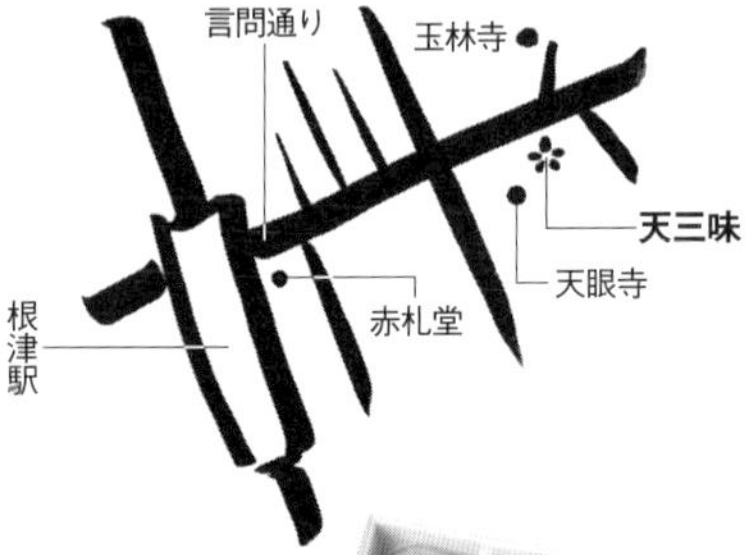

DATA
台東区谷中1-2-14
03-3824-2011
営業時間　9:30～19:00
（日曜日、祝日は18:00まで）

東肥軒（粟大福）

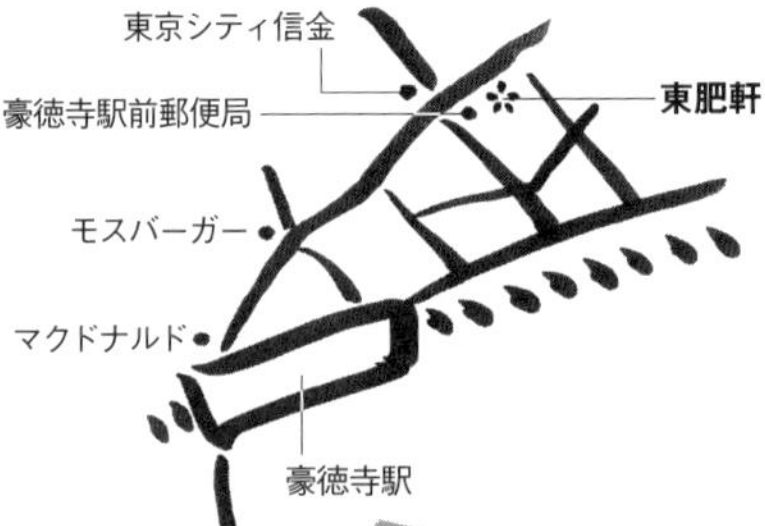

DATA
世田谷区豪徳寺1-38-7
03-3420-1925
http://www.kurufuku.jp/
営業時間　10:00～20:00
定休日　日曜日
（月曜日に不定休あり）

とらや赤坂本店（蓬が嶋）

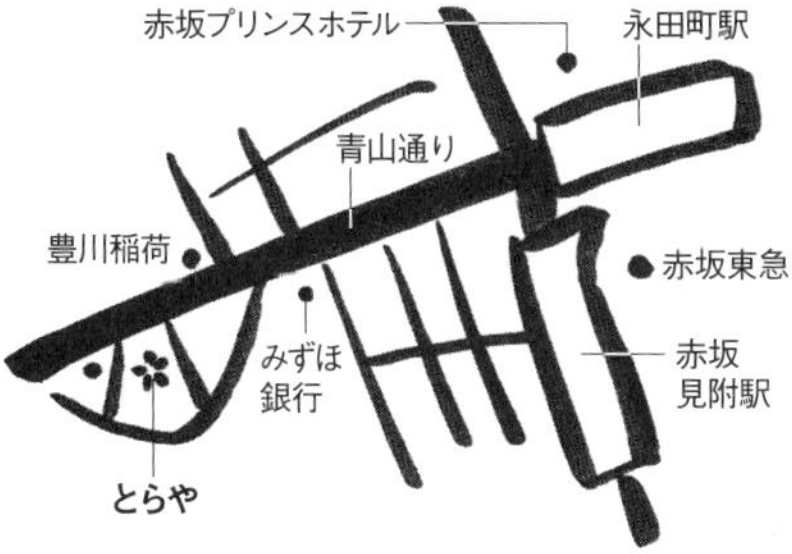

DATA
港区赤坂4-9-22
03-3408-4121
http://www.toraya-group.co.jp/
営業時間　8:30～20:00
（土曜日、日曜日、祝日は18:00まで）
電話注文は9:00～18:00　定休日　なし

日本橋長門（久寿もち）

DATA
中央区日本橋3-1-3
03-3271-8662
営業時間　10:00～18:00
定休日　日曜日、祝日

梅花亭(浮き雲)

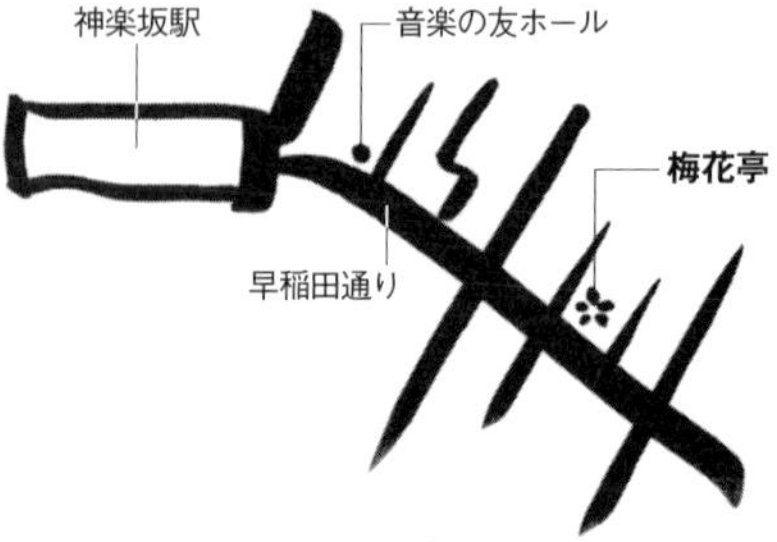

DATA
新宿区神楽坂6-15
03-5228-0727
http://www.baikatei.co.jp/
営業時間　10:00～19:30
定休日　水曜日

花園万頭(花園万頭)

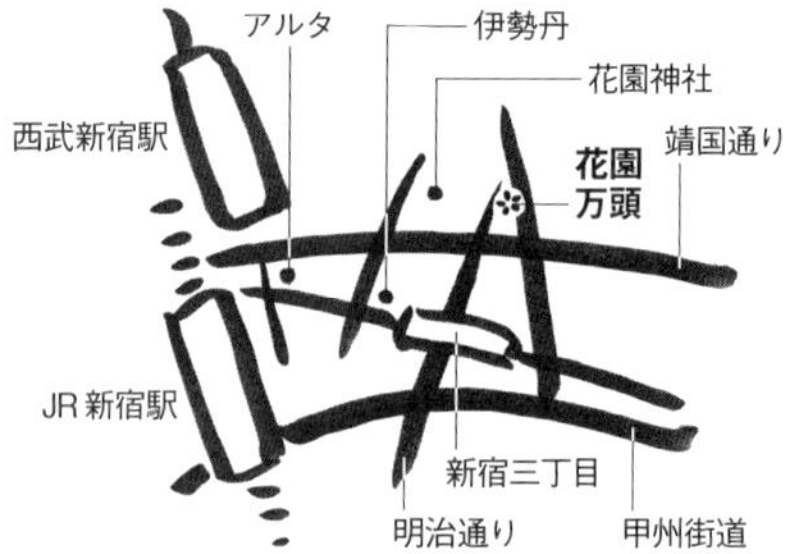

DATA
新宿区新宿5-16-15
0120-014-870
http://www.tokyo-hanaman.co.jp/
営業時間　9:00～19:00
(土曜日、日曜日、祝日は9:00～18:00)
定休日　なし

羽二重団子（羽二重団子）

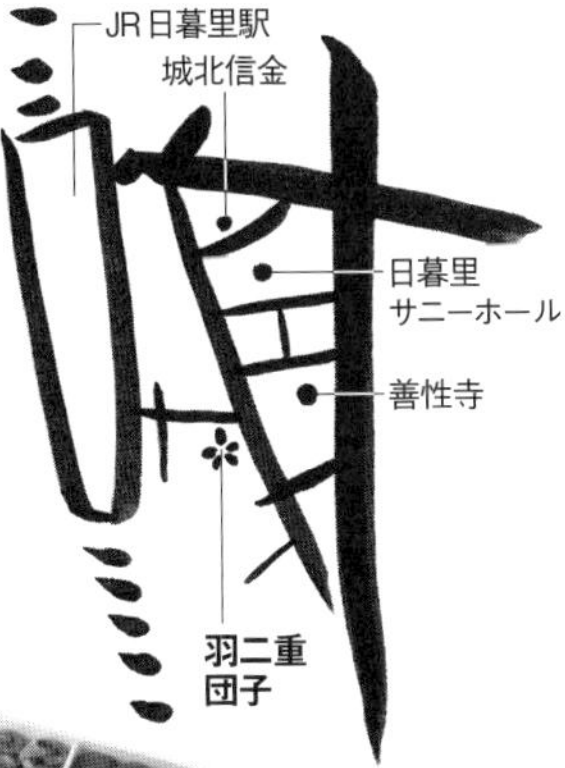

DATA
荒川区東日暮里5-54-3
03-3891-2924
http://www.habutae.jp/
営業時間　9:00〜17:00
定休日　火曜日

文銭堂本舗（文銭最中）

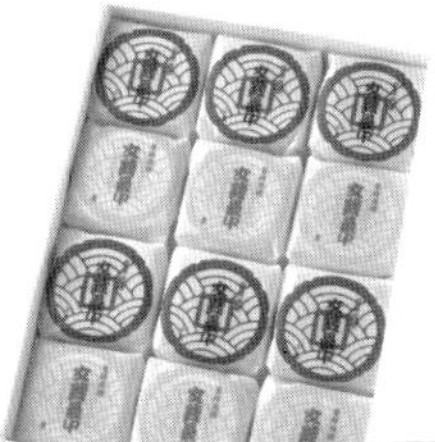

DATA
港区新橋3-6-14
03-3591-4441
http://www.bunsendo-hompo.com/
営業時間　9:00〜18:30
（土曜日は15:00まで）
定休日　日曜日、祝日

松島屋(芋羊羹)

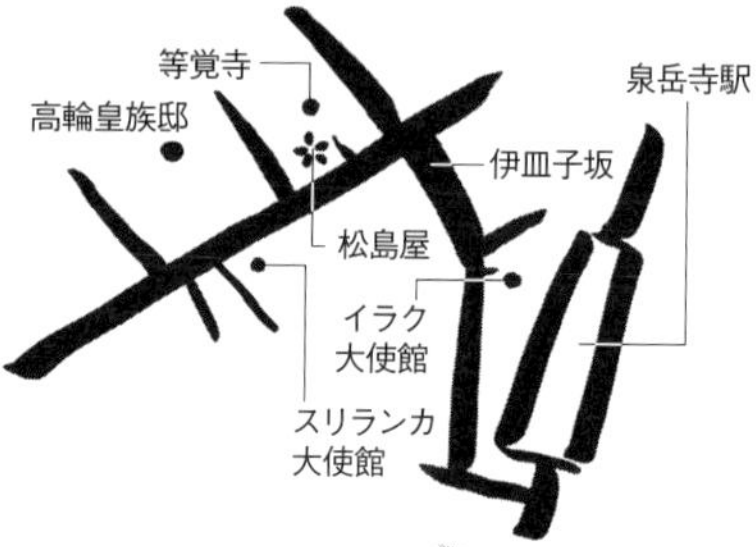

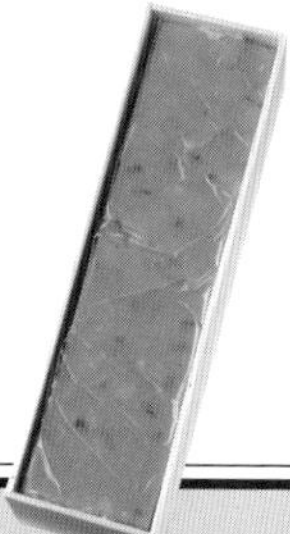

DATA
港区高輪1-5-25
03-3441-0539
営業時間　9:30～18:00
定休日　日曜日、第2･4月曜日(不定期)

萬年堂(御目出糖)

DATA
中央区銀座8-11-9
03-3571-3777
http://www.mannendou.co.jp/
営業時間　10:00～19:00
(土曜日は16:00まで)
定休日　日曜日、祝日

瑞穂(豆大福)

DATA
渋谷区神宮前6-8-7
03-3400-5483
営業時間　8:30〜売切れまで
定休日　日曜日

わかば(たいやき)

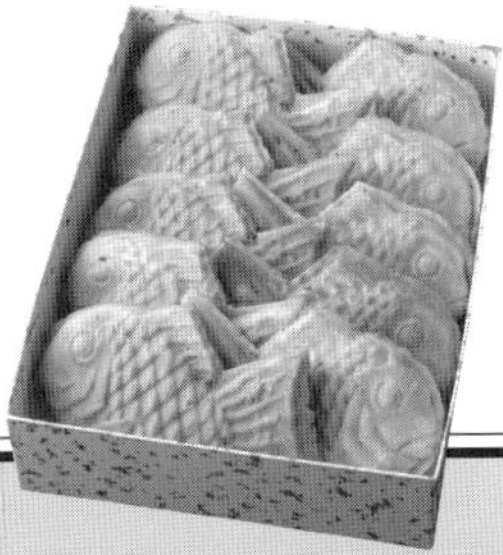

DATA
新宿区若葉1-10
03-3351-4396
http://www.246.ne.jp
/~i-ozawa/
営業時間　9:00〜19:00
定休日　日曜日

キーワード別索引

1、2章で紹介したお菓子を
「初対面」「大事な依頼」などのカテゴリ以外に、
さまざまなキーワードで分類した。購入時の参考にしてほしい
（商品名のあとの数字は掲載頁です）。

キーワードについて

買いやすい：デパ地下などで買える
気軽な場に：仲間や知った顔同士で食べる
配りやすい：個包装されている
女性に受ける：ぷるぷる、ふわふわ食感。見た目のかわいさ
日持ちする：賞味期限４～５日以上
風格：歴史と格調高さを感じさせる
見た目のインパクト：外観や菓子の色合いに特徴
歴史と伝統：店の創業が江戸時代以前
和菓子通に：和菓子に詳しい人にも通用する
わざわざ感：予約するか店に出向かねば買えないもので、知名度もある

買いやすい

気軽な場に

配りやすい

女性に受ける

日持ちする

風格

見た目のインパクト

著者紹介

宮澤やすみ（みやざわ やすみ）
1969年山口生まれ，神奈川育ち．コラムニスト，書家．おいしいものと町散策が好きで，和菓子を中心に，土地の風土に結びついた食文化を取材．仏像にも詳しく，執筆活動のほか，雑誌・テレビなどで和菓子や仏像の話題を提供する．書家としては筆文字ロゴ制作のほか，ニューヨーク，スイス，東京で展覧会も．著書に『和菓子で楽しむ東京散歩』（廣済堂出版，安井健治名義），『お寺にいこう』『はじめての仏像』（河出書房新社）がある．
宮澤やすみ公式サイト：http://yasumimiyazawa.infoseek.ne.jp/

カメラマン紹介

岡山寛司（おかやま ひろし）
1965年東京生まれ．主に料理・お菓子・旅の撮影を生業とするフォトグラファー．幼少のころより甘いものをこよなく愛し、大学卒業後は写真修業に入る．師匠は菊地和男氏．『７人のパティシエ』『シェフのフランス地方菓子』『永井紀之 ノリエットのお菓子』『高木康政 四季の菓子』『エスプリ・ド・ビゴの12カ月』（パルコ出版）は、いずれも自身で企画・撮影した本．「dancyu」「食彩浪漫」などの食雑誌を中心に撮影、菓子職人と菓子との出会いを通じ幸せを味わっている．

東京 社用の手みやげ

2007年12月27日 発行

著　者　宮澤やすみ
発行者　柴生田晴四
〒103-8345
発行所　東京都中央区日本橋本石町1-2-1　東洋経済新報社
電話 東洋経済コールセンター03(5605)7021　振替00130-5-6518
印刷・製本　図書印刷

Printed in Japan　ISBN 978-4-492-04295-3　http://www.toyokeizai.co.jp/